Como chegamos até aqui

Steven Johnson

Como chegamos até aqui

Seis inovações que transformaram o mundo

Tradução:
Claudio Carina

ZAHAR

Para Jane, que sem dúvida esperava um tratado em três volumes sobre a pesca de baleias no século XIX.

Tradução autorizada da primeira edição americana, publicada em 2014 por Riverhead Books, membro de Penguin Group, de Nova York, Estados Unidos

Grafia atualizada segundo o Acordo Ortográfico da Língua Portuguesa de 1990, que entrou em vigor no Brasil em 2009.

Título original
How We Got to Now: Six Innovations That Made the Modern World

Capa e ilustração
Filipa Damião Pinto | Foresti Design

Preparação
Angela Ramalho Vianna

Indexação
Gabriella Russano

Revisão
Eduardo Monteiro
Carolina Sampaio

Dados Internacionais de Catalogação na Publicação (CIP)
(Câmara Brasileira do Livro, SP, Brasil)

Johnson, Steven
Como chegamos até aqui: seis inovações que transformaram o mundo / Steven Johnson; tradução Claudio Carina. – 1ª ed. – Rio de Janeiro: Zahar, 2021.

Título original: How We Got to Now: Six Innovations That Made the Modern World.
Bibliografia.
ISBN 978-85-378-1894-7

1. Inovações 2. Invenções – Aspectos sociais 3. Tecnologia – Aspectos sociais 4. Tecnologia e civilização I. Título.

20-42853 CDD: 303.483

Índice para catálogo sistemático:
1. Inovações tecnológicas : Aspectos sociais : Sociologia 303.483
Cibele Maria Dias – Bibliotecária – CRB-8/9427

[2021]

EDITORA SCHWARCZ S.A.
Praça Floriano, 19, sala 3001 – Cinelândia
20031-050 – Rio de Janeiro – RJ
Telefone: (21) 3993-7510
www.companhiadasletras.com.br
www.blogdacompanhia.com.br
facebook.com/editorazahar
instagram.com/editorazahar
twitter.com/editorazahar

Sumário

Introdução

Historiadores robôs e a asa do beija-flor

HÁ POUCO MAIS de duas décadas, o artista e filósofo mexicano-americano Manuel De Landa publicou um livro estranho e maravilhoso chamado *War in the Age of Intelligent Machines*. Estritamente falando, o livro era uma história da tecnologia militar, mas não tinha nada em comum com o que se espera de algo do gênero. Em vez de relatos heroicos de engenharia submarina escritos por algum professor da Academia Naval, o livro de De Landa combinou teoria do caos, biologia evolucionista e filosofia francesa pós-estruturalista em histórias sobre a bala conoidal, o radar e outras inovações militares. Eu me recordo de ter lido o livro quando era estudante de pós-graduação, aos vinte e poucos anos, e de o ter considerado uma obra completamente sui generis, como se De Landa tivesse chegado à Terra vindo de algum outro planeta com vida inteligente. Pareceu-me ao mesmo tempo fascinante e muito desorientador.

De Landa começou o livro com uma brilhante reviravolta interpretativa. Imagine, sugeriu ele, um trabalho histórico escrito em algum tempo no futuro por alguma forma de inteligência artificial, mapeando a história do milênio anterior. "Nós poderíamos imaginar", argumentou De Landa, "que o historiador robô escreveria uma história diferente da relatada por sua contraparte humana."[1] Eventos que ocupam lugar de vulto na contabilidade humana – a conquista das Américas pela Europa, a queda do Império Romano, a Carta Magna – seriam notas de rodapé do ponto de vista do robô. Outros eventos, que parecem marginais para a história tradicional – como os autômatos de brinquedo que fingiam jogar xadrez no século XVIII, o tear de Jacquard que inspirou os perfuradores de cartões no início da computação –, seriam o divisor de águas para o historiador robô, os pontos críticos que traçam a linha direta até o presente. Explicava De Landa:

> Enquanto o historiador humano tentaria entender como as pessoas montam os mecanismos de um relógio, motores e engenhocas físicas, o historiador robô provavelmente colocaria forte ênfase na maneira como essas máquinas afetaram a evolução humana. O robô sublinharia o fato de que, quando os mecanismos dos relógios representavam a tecnologia dominante no planeta, as pessoas imaginavam o mundo ao redor como um sistema parecido de engrenagens e roldanas.

A propósito, não há robôs inteligentes neste livro. As inovações aqui apresentadas pertencem à vida do dia a dia, não à ficção científica: lâmpadas, registros de som, ar-condicionado, um copo de água potável, um relógio de pulso, uma lente de vidro. Mas tentei contar a história das inovações de uma forma semelhante à perspectiva do historiador robô de De Landa. Se uma lâmpada pudesse escrever a história dos últimos trezentos anos, isso também seria muito diferente. Teríamos de ver quanto do nosso passado se empenhou na busca da luz artificial, quanta engenhosidade e quanto esforço foram gastos na batalha contra a escuridão e como as invenções que engendramos desencadearam mudanças que, à primeira vista, pareciam não ter nada a ver com lâmpadas.

Esta é uma história que vale a pena contar, em parte porque nos permite ver com novos olhos o mundo que consideramos já tão conhecido. A maioria de nós no mundo desenvolvido não se detém para pensar o quanto é incrível beber água sem nos preocuparmos em morrer de cólera 48 horas depois. Graças ao ar-condicionado, muitos vivem confortavelmente em climas que seriam intoleráveis apenas cinquenta anos atrás. Nossa vida é cercada e apoiada por toda uma classe de objetos encantados com as ideias e a criatividade de milhares de pessoas que vieram antes de nós: inventores, diletantes e reformadores que se dedicaram com paciência a resolver o problema de criar a luz artificial ou a água limpa que bebemos, de tal forma que hoje podemos apreciar esses luxos sem pensar a respeito, sem sequer imaginá-los como um luxo. Como os historiadores robôs sem dúvida nos lembrariam, estamos em dívida com essas pessoas em razão de cada detalhe, tanto quanto, se não até mais, devemos a reis, conquistadores e magnatas da história tradicional.

Mas a outra razão para escrever esse tipo de história é que essas inovações colocaram em marcha uma matriz muito mais ampla de mudanças na sociedade do que se poderia esperar. Inovações geralmente surgem como uma tentativa de resolver um problema específico, mas, uma vez que entram em circulação, acabam provocando outras mudanças que teriam sido difíceis de prever. Esse é um padrão de mudança que sempre aparece na história evolutiva.

Pense no ato da polinização. Em algum momento, durante o Cretáceo, as flores começaram a desenvolver cores e perfumes que sinalizavam a presença de pólen para os insetos, os quais simultaneamente desenvolveram um complexo sistema para extrair o pólen e, inadvertidamente, fertilizar outras flores com pólen. Ao longo do tempo, as flores complementaram o pólen com a energia mais rica do néctar a fim de seduzir os insetos nos rituais de polinização. As abelhas e outros insetos desenvolveram as ferramentas sensoriais para ver e ser atraídos pelas flores, assim como as flores desenvolveram as propriedades que atraem as abelhas. Esse é um tipo diferente de sobrevivência do mais apto, não a usual história competitiva de soma zero que costumamos ouvir em aguadas versões do darwinismo, porém algo mais simbiótico: insetos e flores tiveram êxito porque, fisicamente, fizeram bem uns aos outros. (O termo técnico para isso é coevolução.) A importância desse relacionamento não se perdeu em Charles Darwin, que deu sequência à publicação de *A origem das espécies* com um livro inteiro sobre a polinização de orquídeas.

Essas interações coevolutivas frequentemente levam a transformações em organismos que parecem não ter uma ligação imediata com a espécie original. A simbiose entre a floração das plantas e os insetos, que levou à produção de néctar, acabou criando uma oportunidade para organismos muito maiores, os beija-flores, que, para extrair o néctar das plantas, também desenvolveram uma forma extremamente incomum de mecânica de voo, permitindo-os pairar ao lado da flor de maneira específica. Poucos pássaros conseguem realizar tal proeza. Insetos podem se estabilizar em voo médio porque sua anatomia tem a flexibilidade fundamental que falta aos vertebrados. Apesar das restrições impostas pela estrutura de seu esqueleto, os beija-flores desenvolveram uma nova forma de rotação das asas, fornecendo energia para o movimento ascendente bem como para o descendente, e permitindo que essas aves flutuem no ar ao extrair o néctar de uma flor. Esses são os estranhos saltos que a evolução faz constantemente. As estratégias de reprodução sexual das plantas acabaram por moldar o desenho das asas de um beija-flor. Se houve naturalistas que observaram a evolução da polinização a partir do comportamento dos insetos em redor das plantas em flor, logicamente eles pensaram que esse estranho rival novo nada tinha a ver com vida dos pássaros. Contudo, isso acabou precipitando uma das transformações físicas mais surpreendentes na história evolutiva das aves.

A história das ideias e inovações se desenrola da mesma forma. A máquina de impressão inventada por Johannes Gutenberg aumentou a demanda de óculos, já que a nova prática de leitura fez com que os europeus, por todo o continente, percebessem cada vez mais que não enxergavam de perto. A demanda de óculos incentivou um número crescente de pessoas a produzir e a fazer experiências com lentes, o que conduziu à invenção do microscópio, que, logo depois, nos permitiu perceber que nossos corpos eram constituídos por células. Você não diria que a tecnologia de impressão teve algo a ver com a expansão da nossa visão até a escala celular, assim como não teria pensado que a evolução do pólen alterou o desenho da asa do beija-flor. Mas é assim que as mudanças acontecem.

À primeira vista isso pode parecer uma variação do famoso "efeito borboleta" da teoria do caos, segundo o qual o bater das asas de uma borboleta na Califórnia acaba provocando um furacão no meio do Atlântico. Na verdade, são coisas fundamentalmente diferentes. A extraordinária (e preocupante) propriedade do efeito borboleta é que ele envolve uma cadeia de causalidade virtualmente incognoscível; não se pode mapear a ligação entre as moléculas do ar saltando ao redor da borboleta e o sistema de tempestade formando-se no Atlântico. Os dois podem estar ligados porque tudo está relacionado em algum nível, mas está além da nossa capacidade analisar essas conexões ou, até mesmo mais difícil, prevê-las. No entanto, o que sucede com a flor e o beija-flor é algo muito diferente: embora sejam organismos muito diversos, com distintas necessidades e aptidões, para não mencionar os sistemas biológicos básicos, a flor claramente influencia as características do beija-flor de maneira direta e compreensível.

Parte deste livro trata dessas estranhas correntes de influência, o "efeito beija-flor". Uma inovação, ou um conjunto de inovações em dado campo, acaba provocando mudanças que parecem pertencer a um domínio completamente diverso. Efeitos beija-flor vêm em uma variedade de formas. Algumas são bastante intuitivas: aumentos de ordens de grandeza na partilha de energia ou informações tendem a pôr em marcha uma caótica onda de mudanças que rompem limites intelectuais e sociais. (Basta olhar para a história da internet nos últimos trinta anos.) Contudo, outros efeitos beija-flor são mais sutis, deixam marcas menos evidentes.

Avanços em nossa capacidade de medir um fenômeno – tempo, temperatura, massa – frequentemente abrem novas oportunidades que, à primeira vista, parecem independentes. (O relógio de pêndulo ajudou a equipar cidades fabris na Revolução Industrial.) Às vezes, como na história de Gutenberg e da lente, uma inovação aponta uma deficiência ou fraqueza em nossa caixa de ferramentas natural, nos mostrando uma nova direção, gerando novos instrumentos para corrigir um "problema" que já era em si uma espécie de invenção. Algumas vezes novas ferramentas reduzem barreiras naturais e limites ao crescimento humano, como a invenção do ar-condicionado, que tornou possível aos seres humanos colonizar lugares quentes do planeta em uma escala que teria estarrecido nossos antepassados de apenas três gerações atrás. Às vezes essas novas ferramentas nos influenciam metaforicamente, como na ilação do historiador robô entre o relógio e a visão mecanicista do início da física, o Universo como um "sistema de engrenagens e roldanas".

Observando os efeitos beija-flor ao longo da história, fica evidente que transformações sociais nem sempre são resultado direto da ação humana ou de uma tomada de decisão. Às vezes a mudança acontece por ação de líderes políticos, de inventores ou de movimentos de protesto, que geram deliberadamente alguma coisa sobre uma nova realidade por meio de planejamento consciente. (Temos um sistema nacional integrado de rodovias nos Estados Unidos em grande parte porque nossos dirigentes políticos aprovaram no passado o Federal-Aid Highway Act, de 1956.) Mas, em outros casos, as ideias e inovações parecem ter vida própria, engendrando na sociedade mudanças que não faziam parte da visão dos seus "criadores". Os inventores do ar-condicionado não tentavam redesenhar o mapa político dos Estados Unidos quando decidiram refrigerar as salas de estar e os prédios de escritórios, mas, como iremos ver, a tecnologia libertou o mundo, causando mudanças drásticas no modelo de assentamento americano, o que por sua vez transformou a natureza dos ocupantes do Congresso e da Casa Branca.

Resisti à compreensível tentação de avaliar essas mudanças com algum tipo de juízo de valor. Este livro é uma celebração à nossa inteligência, porém o fato de uma inovação acontecer não significa que não haja, no final, consequências conflitivas que se propagam pela sociedade. A maioria das ideias "selecionadas" pela cultura são melhorias comprovadas em termos de objetivos locais. Os casos em que escolhemos uma tecnologia inferior ou um princípio científico em detrimento de outro mais produtivo ou preciso são as exceções. Isso comprova a regra. Mesmo quando escolhemos o inferior VHS em lugar do Betamax, logo depois chegamos ao DVD, que supera as duas opções anteriores. Então, quando se observa o arco da história sob essa perspectiva, a tendência aponta na direção de melhores ferramentas, melhores recursos, melhores fontes de energia, melhores formas de transmitir informações.

O problema está no que é externo às mudanças iniciais e em suas consequências não voluntárias. Quando o Google lançou sua ferramenta de busca original, em 1999, houve um avanço significativo em relação a todas as técnicas anteriores de pesquisa no vasto arquivo da internet. Isso foi motivo de comemoração em quase todos os níveis: o Google tornou a internet mais útil – e de graça. Mas depois o Google começou a vender publicidade vinculada às solicitações de pesquisa e, em alguns anos, a eficiência das enquetes (junto com outros serviços on-line) esvaziou a carteira de publicidade dos jornais locais nos Estados Unidos. Quase ninguém notou o que estava acontecendo, nem os fundadores do Google.

Você pode argumentar – eu provavelmente usaria esse argumento – que essa troca valeu a pena, que o desafio do Google vai acabar desencadeando melhores formas de jornalismo, elaboradas em torno de oportunidades únicas que a internet propicia, mas a imprensa, não. Contudo, há um fator a ser ressaltado: a ascensão da publicidade na internet em geral tem sido uma evolução negativa na utilidade pública essencial do jornalismo impresso. O mesmo debate é furiosamente travado sobre quase todos os avanços tecnológicos: os carros nos conduzem pelo espaço de forma mais eficiente que os cavalos, mas será que valem o custo para o ambiente ou de vivermos em cidades onde não se pode caminhar? O ar-condicionado nos permite viver no deserto, mas quanto isso custa para nosso suprimento de água?

Este livro é decididamente agnóstico sobre as questões de valor. Conjeturar se achamos que a mudança é melhor para nós a longo prazo não é o mesmo que imaginar como essa mudança ocorreu no início. Os dois tipos de especulação são essenciais para dar sentido à história e mapear nosso caminho para o futuro. Precisamos ser capazes de entender como a inovação acontece na sociedade; precisamos ser capazes de prever e entender o melhor que pudermos os efeitos beija-flor que irão afetar outros campos depois que cada inovação se enraíza; e, ao mesmo tempo, precisamos de um sistema de valor para decidir quais esforços incentivar e quais benefícios não valem os custos tangenciais.

Tentei explicar toda a gama de consequências das inovações pesquisadas neste livro, para o bem e para o mal. O tubo de vácuo ajudou a levar o jazz para um público de massa e também a amplificar os julgamentos de Nuremberg. Como se sentir em relação a essas transformações – afinal, estamos melhores graças à invenção do tubo de vácuo? –, isso vai depender do sistema de convicções políticas e sociais de cada um.

Gostaria de mencionar mais um elemento central no livro: traço essa história de como chegamos até aqui a partir de um "nós" que é em grande parte o "nós" de norte-americanos e europeus. A história de como a China ou o Brasil chegaram até aqui seria diferente e também interessante. Mas a história da Europa/Estados Unidos, ainda que finita em seu escopo, continua da maior relevância, porque certas experiências críticas – o surgimento do método científico, a industrialização – aconteceram *primeiro* na Europa e se disseminaram pelo mundo. (*Por que* elas aconteceram *primeiro* na Europa sem dúvida é uma das mais interessantes perguntas que se pode fazer, mas este livro não vai tentar respondê-la.)

Esses objetos fantásticos do cotidiano – lâmpadas, lentes e gravações de áudio – agora são parte da vida comum em quase todos os lugares do planeta. Contar a história dos últimos mil anos a partir dessa perspectiva deve ser interessante, não importa onde você viva. As inovações são moldadas pela história geopolítica, concentram-se nas cidades e em centros comerciais. Mas, a longo prazo, elas não têm muita paciência para fronteiras e identidades nacionais, ainda mais agora, em nosso mundo conectado.

Tentei manter esse foco porque, dentro desses limites, a história que escrevi aqui é tão abrangente quanto possível, sob outros aspectos. Contar a história de nossa capacidade de captar e transmitir a voz humana, por exemplo, não é apenas a sucessão de alguns inventores brilhantes, os Edison e Bell cujos nomes qualquer estudante já memorizou. É também a história dos desenhos anatômicos do ouvido humano no século XVIII, do naufrágio do *Titanic*, do movimento dos direitos civis e das estranhas propriedades acústicas de um tubo de vácuo quebrado. Trata-se de uma abordagem que chamei, em outra instância, de história de "zoom longo": a tentativa de explicar as mudanças históricas examinando múltiplas escalas de experiência ao mesmo tempo – desde as vibrações das ondas sonoras na membrana do tímpano até movimentos políticos de massa. Poderia ser mais intuitivo limitar a narrativa histórica à escala de indivíduos ou nações, mas, num nível fundamental, esses limites restringem a exatidão da análise. A história acontece no plano dos átomos, no plano da mudança climática planetária e em todos os planos intermediários. Se quisermos ter a história certa, precisamos de uma abordagem interpretativa que faça justiça a todos esses diferentes níveis.

Certa vez, o físico Richard Feynman definiu a relação entre estética e ciência com uma veia similar:

> Eu tenho um amigo que é artista e às vezes adota uma visão com a qual não concordo muito. Ele segura uma flor e diz "Veja como ela é bonita", e eu concordo. Então ele diz: "Eu, como artista, posso ver como ela é bonita, mas você, como cientista, desmonta tudo isso e a transforma numa coisa maçante", e aí eu acho que ele é meio biruta. Antes de qualquer coisa, a beleza que ele vê está disponível para outras pessoas e também para mim, acredito. Embora talvez eu não seja tão esteticamente requintado como ele, ... posso apreciar a beleza de uma flor. Ao mesmo tempo, vejo muito mais na flor do que ele. Eu poderia imaginar suas células, as complicadas ações em seu interior, o que também tem sua beleza. O que eu quero dizer é que não existe beleza apenas nessa dimensão, em um centímetro; também existe beleza em dimensões menores, na estrutura interna, também nos processos. O fato de as cores da flor terem evoluído a fim de atrair insetos para a polinização é interessante; significa que os insetos conseguem enxergar as cores. Isso acrescenta uma pergunta: será que esse sentido estético também existe nas formas inferiores? Por que é estético? Essas são perguntas interessantes, que mostram que um conhecimento científico só aumenta a emoção, o mistério e o respeito a uma flor. É um acréscimo. Não entendo como poderia subtrair.[2]

Existe algo inegavelmente atraente na história de um grande inventor ou cientista – Galileu e seu telescópio, por exemplo – abrindo caminho em direção a uma ideia transformadora. Mas há outra história mais profunda que também pode ser contada: como a capacidade de fazer lentes dependia de uma propriedade mecânica quântica específica do dióxido de silício e da queda de Constantinopla. Contar a história a partir dessa perspectiva, de zoom longo, não diminui a importância tradicional concentrada no gênio de Galileu, só acrescenta.

Condado de Marin, Califórnia
Fevereiro de 2014

1. Vidro

Mais ou menos 26 milhões de anos atrás, alguma coisa aconteceu sobre as areias do deserto da Líbia, a paisagem árida e incrivelmente seca que marca a margem oriental do deserto do Saara. Não sabemos exatamente o que foi, mas sabemos que era quente. Grãos de sílica derreteram e se fundiram sob um calor intenso, de pelo menos 1.000°. Os compostos de dióxido de silício que formaram têm várias propriedades químicas curiosas. Tal como H_2O, eles formam cristais, em seu estado sólido, e derretem em líquido quando aquecidos. No entanto, o dióxido de silício tem um ponto de fusão muito mais elevado que a água; são necessárias temperaturas acima de 260°, em vez de 100°. Mas a coisa realmente peculiar sobre o dióxido de silício é o que acontece quando ele resfria. A água líquida recupera tranquilamente a forma de cristais de gelo se a temperatura baixar de novo. Por alguma razão, contudo, o dióxido de silício é incapaz de se reorganizar novamente na estrutura ordenada do cristal. Em vez disso, ele forma uma nova substância que está num estranho limbo entre o sólido e o líquido, uma substância que tem obcecado os seres humanos desde os primórdios da civilização. Quando esses grãos de areia superaquecidos se resfriam abaixo do seu ponto de fusão, uma vasta extensão de deserto da Líbia fica revestida por uma camada do que nós agora chamamos de vidro.

Cerca de 10 mil anos atrás, alguém viajando pelo deserto deparou com um grande fragmento desse vidro. Não sabemos mais nada sobre esse fragmento, apenas que deve ter impressionado quase todos que entraram em contato com ele, porque isso foi divulgado pelos mercados e redes sociais da civilização primitiva, até acabar como peça central de um broche esculpido em forma de escaravelho. O besouro ficou ali sem ser perturbado por

4 mil anos, e os arqueólogos revelaram-no em 1922, enquanto exploravam o túmulo de um governante egípcio. Contra todas as probabilidades, essa pequena lasca de dióxido de silício percorreu o caminho desde o deserto da Líbia até a câmara funerária de Tutancâmon.

O vidro começou a fazer sua transição de ornamento para tecnologia avançada durante o auge do Império Romano, quando fabricantes de vidro descobriram maneiras de tornar o material mais resistente e menos turvo que o vidro forjado naturalmente, como o do escaravelho do faraó Tutancâmon. Durante esse período, pela primeira vez construíram-se janelas de vidro, fixando-se as bases para as cintilantes torres envidraçadas que agora povoam o horizonte das cidades ao redor do mundo. A estética visual de degustação de vinho surgiu quando as pessoas passaram a tomá-lo em recipientes semitransparentes de vidro e a armazená-lo em garrafas do mesmo material. De certa forma, contudo, o início da história do vidro é relativamente previsível: artesãos descobriram como derreter a sílica na forma de vasilhames de bebida ou vidraças, o mesmo tipo de utilização que instintivamente associamos hoje ao material. Só depois do milênio seguinte e da queda de outro grande império o vidro tornou-se o que é agora: um dos materiais mais versáteis e transformadores de toda a cultura humana.

O SAQUE DE CONSTANTINOPLA, em 1204, foi um daqueles históricos terremotos que ecoam ondas de influência, repercutindo em todo o planeta. Caem dinastias, exércitos surgem e se vão embora, o mapa do mundo é redesenhado. Mas a queda de Constantinopla também desencadeou um evento em aparência menor, perdido em meio a esse vasto reordenamento da dominação geopolítica e religiosa e ignorado pela maioria dos historiadores da época. Uma pequena comunidade de fabricantes de vidro da Turquia navegou para oeste pelo Mediterrâneo e se estabeleceu em Veneza, onde começou a praticar seu comércio na próspera cidade nova, expandindo-se a partir dos pântanos às margens do mar Adriático.[1]

Descobertos por volta de 1900, recipientes de vidro para pomada, da civilização romana, datados dos séculos I e II d.C.

Essa foi uma entre milhares de migrações postas em movimento pela queda de Constantinopla; todavia, olhando para trás, ao longo dos séculos, foi também uma das mais significativas. À medida que se estabeleciam pelos tortuosos canais e ruas de Veneza, naquela época possivelmente o centro das transações comerciais do mundo, as novas técnicas de soprar o vidro logo criaram uma mercadoria de luxo para os comerciantes da cidade, que começaram a vendê-la ao redor do globo. Contudo, por mais lucrativa que fosse, a vidraçaria também tinha suas desvantagens. O ponto de fusão do dióxido de silício exigia fornos a temperaturas acima de 500°, e Veneza era uma cidade construída quase inteiramente em estruturas de madeira. (A pedra clássica dos palácios venezianos só seria elaborada alguns séculos depois.) Os fabricantes de vidro levaram uma nova fonte de riqueza para Veneza, mas também o hábito menos simpático de incendiar as vizinhanças.

Em 1291, num esforço duplo para aprimorar as habilidades dos fabricantes de vidro e proteger a segurança pública, a administração da cidade enviou os fabricantes de vidro de novo para o exílio, só que agora a jornada foi curta, de 1,5 quilômetro, até o outro lado da lagoa de Veneza, para a ilha de Murano.[2] Sem saber, os doges venezianos tinham criado um centro de inovação: concentrando os fabricantes de vidro numa única ilha do tamanho de um pequeno bairro da cidade, eles desencadearam uma onda de criatividade, fazendo nascer um ambiente que dispunha do que os economistas chamam de "spillover" de informações. A demografia de

Parte do mapa de Veneza no século XV, mostrando a ilha de Murano.

Murano fez com que novas ideias passassem a fluir depressa entre a população. Os fabricantes de vidro eram concorrentes, porém suas linhagens familiares estavam fortemente interligadas. Havia mestres no grupo com mais talento ou habilidade que outros, contudo, de maneira geral, a criatividade de Murano era um acontecimento coletivo: algo gerado mais pela troca de informação do que pela pressão competitiva.

Nos primeiros anos do século seguinte, Murano já era conhecida como Ilha do Vidro, e seus vasos ornamentados e outras requintadas obras de vidro tornaram-se símbolos de status em toda a Europa Ocidental. (Os fabricantes de vidro continuam seu comércio até hoje, muitos deles descendentes diretos das famílias originais que emigraram da Turquia.) Aquele não era um modelo que pudesse ser replicado diretamente nos tempos modernos. Os administradores que procurassem atrair a classe criativa para suas cidades provavelmente não usariam exílio forçado e fronteiras armadas prontas para aplicar a pena de morte. Mas de alguma forma funcionou. Depois de anos de tentativa e erro, experimentando com diferentes composições químicas, o fabricante Angelo Barovier, de Murano, usou alga marinha, rica em óxido de potássio e manganês, queimou-a para criar cinza e depois adicionou esses ingredientes ao vidro derretido.[3] Quando a mistura resfriou, ele havia criado um tipo de vidro extraordinariamente claro. Perplexo pela semelhança com as mais translúcidas pedras de cristais de quartzo, Barovier chamou-a *cristallo*. E assim nasceu o vidro moderno.

Embora vidreiros como Barovier tenham sido brilhantes em produzir vidro transparente, nós só viemos a entender cientificamente *por que* o vidro é transparente no século XX. A maioria dos materiais absorve a energia da luz. Num nível subatômico, os elétrons que orbitam os átomos fazem o material "engolir" a energia dos fótons de luz que o penetram, e esses elétrons ganham energia. Mas os elétrons podem ganhar ou perder energia apenas em etapas discretas, conhecidas como "quanta". O tamanho dessas etapas varia de material para material. Acontece que o dióxido de silício tem etapas muito amplas, e isso significa que a energia de um fóton de luz não é suficiente para levar os elétrons a um nível mais elevado de energia. Por essa razão, a luz passa através do material. (A maioria dos raios ultravioleta, no entanto, tem energia suficiente para ser absorvida, e é por isso que a gente não consegue se bronzear atrás de uma janela de vidro.) Mas a luz não apenas passa através do vidro; ela também pode ser dobrada por ele, distorcida ou até decomposta em seus comprimentos de onda. O vidro pode ser usado para alterar a visão do mundo, dobrando a luz de forma precisa. Isso se mostrou ainda mais revolucionário que a simples transparência.

Nos mosteiros dos séculos XII e XIII, os monges, curvados sobre manuscritos religiosos em salas iluminadas à luz de velas, recorriam a pedaços de vidro para auxiliar a leitura. Utilizavam volumosas lupas sobre a página para ampliar as inscrições em latim. Ninguém tem certeza exatamente de quando ou onde isso aconteceu, porém, naquela época, em algum lugar no norte da Itália, fabricantes de vidro chegaram com uma inovação que mudaria a forma como vemos o mundo, ou pelo menos deixaria tudo mais nítido: eles moldaram o vidro em pequenos discos com uma curvatura no centro, colocaram cada disco numa moldura e uniram as molduras na parte superior. Tinham criado os primeiros óculos do mundo.

Os primeiros óculos eram chamados *roidi da ogli*, ou "discos para os olhos". Graças à sua semelhança com a lentilha – *lens*, em latim –, esses discos vieram a se chamar "lentes". Por várias gerações, os novos e engenhosos dispositivos foram quase exclusivamente da alçada de estudiosos monásticos.[4] A condição de "presbiopia" – não enxergar de perto – era amplamente comum a toda a população, mas a maioria das pessoas não percebia que tinha esse problema simplesmente porque não lia. Para um monge, esforçando-se para traduzir Lucrécio à luz bruxuleante da vela, a necessidade de óculos ficou muito evidente. Mas a população em geral – a maioria analfabeta – quase nunca precisava discernir pequenas letras como as dos nossos formulários em sua rotina diária. As pessoas enxergavam de longe, não tinham nenhuma razão real para perceber que não enxergavam de perto. Por isso, aqueles espetaculares objetos permaneceram raros e caríssimos.

O que mudou tudo isso, claro, foi a invenção da imprensa por Gutenberg nos anos 1440. É possível encher uma pequena biblioteca com a quantidade de trabalhos acadêmicos publicados para documentar o impacto da imprensa, a criação do que Marshall McLuhan denominou de "a galáxia de Gutenberg". As taxas de alfabetização subiram significativamente; subversivas teorias científicas e religiosas foram traçadas em torno dos canais oficiais da crença ortodoxa; divertimentos populares, como o romance e a pornografia impressos, tornaram-se lugar-comum. Mas a grande descoberta de Gutenberg teve outro efeito muito menos célebre: fez um número enorme de pessoas tomar consciência, pela primeira vez, de que era presbíope, e essa revelação aumentou a procura de óculos.

O que se seguiu foi um dos mais extraordinários casos de efeito beija-flor na história moderna. Gutenberg possibilitou a impressão de livros relativamente baratos e portáteis, o que provocou um avanço da alfabetização, expôs uma falha na acuidade visual de parte considerável da população e criou um novo mercado para a fabricação de óculos. Passados cem anos da invenção de Gutenberg, milhares de fabricantes de lentes em toda a Europa prosperavam, e os óculos tornaram-se a primeira peça de tecnologia avançada – desde a invenção da vestimenta, no Neolítico – que pessoas comuns usaram de modo regular em seu corpo.[5]

Mas a dança coevolucionária não parou por aí. Assim como o néctar das plantas promoveu um novo tipo de voo do beija-flor, o incentivo econômico criado com o surgimento do mercado de óculos engendrou uma nova área de especialização. A Europa não foi apenas inundada por lentes, mas também por *ideias* sobre lentes. Graças à prensa, de repente o continente foi povoado por pessoas especialistas na manipulação da luz usando pedaços de vidro ligeiramente convexos. Esses foram os hackers da primeira revolução ótica. Suas experiências iriam inaugurar um novo capítulo na história da visão.

Em 1590, na pequena cidade de Middleburg, nos Países Baixos, Hans e Zacharias Janssen, pai e filho fabricantes de óculos, experimentaram alinhar duas lentes, em vez de colocá-las lado a lado como nos óculos. Eles observaram que os objetos pareciam ampliados, e assim inventaram

Óculos do século XV

o microscópio. Setenta anos depois, o cientista britânico Robert Hooke publicaria seu inovador volume ilustrado *Micrographia*, com esplêndidos desenhos à mão livre, recriando o que tinha visto através do microscópio. Hooke analisou pulgas, madeira, folhas e até sua própria urina congelada. No entanto, sua descoberta mais famosa veio com uma lasca extraída de um fino feixe de cortiça vista através da lente do microscópio. "Eu podia perceber claramente todas as perfurações e poros, muito parecidos com um favo de mel", escreveu Hooke, "mas vi que esses poros não eram regulares; mesmo assim, não eram diferentes de um favo de mel nessas particularidades. ... Esses poros, ou células, não eram muito profundos, consistiam em um grande número de caixinhas." Com essa frase, Hooke dava nome a um dos blocos fundamentais da organização da vida, a célula, abrindo caminho para uma revolução na ciência e na medicina. Logo o microscópio revelava as invisíveis colônias de bactérias e vírus que sus-

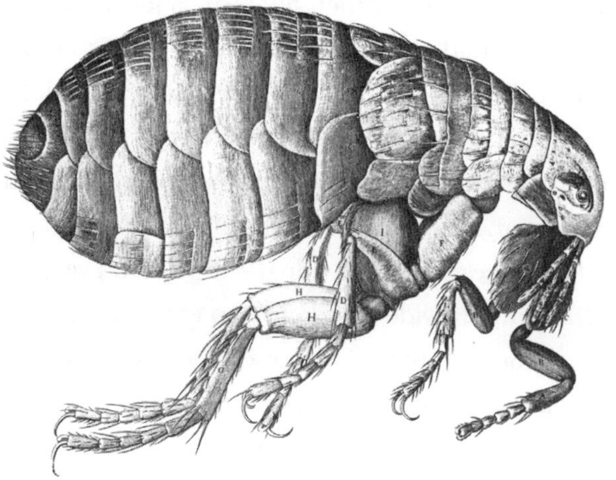

A pulga (gravura de *Micrographia*, de Robert Hooke, Londres)

tentam e ameaçam a vida humana, o que por sua vez levou às modernas vacinas e aos antibióticos.

Demorou quase três gerações para o microscópio produzir uma ciência verdadeiramente transformadora, porém, por algum motivo, o telescópio foi mais rápido em gerar suas revoluções. Vinte anos após a invenção do microscópio, um grupo de fabricantes holandeses de lentes, incluindo Zacharias Janssen, inventou, mais ou menos ao mesmo tempo, o telescópio. (Reza a lenda que um deles, Hans Lippershey, tropeçou na ideia enquanto via os filhos brincando com suas lentes.)[6] Lippershey foi o primeiro a requisitar uma patente, descrevendo um dispositivo "para ver as coisas distantes como se elas estivessem perto". Em um ano, Galileu encontrou a palavra para o novo dispositivo milagroso e modificou o desenho de Lippershey, chegando a uma ampliação correspondente a dez vezes a visão normal. Em janeiro de 1610, apenas dois anos depois de Lippershey ter arquivado sua patente, Galileu usou o telescópio para observar luas orbitando Júpiter, o primeiro desafio verdadeiro para o paradigma aristotélico de que todos os corpos celestes giravam ao redor da Terra.

Essa é a estranha história paralela à invenção de Gutenberg, por várias razões muitíssimo associada à revolução científica. Panfletos e tratados de supostos hereges como Galileu fizeram as ideias circular para além dos limites da censura da Igreja, acabando por minar sua autoridade. Ao mesmo tempo, o sistema de citação e referência que evoluiu nas décadas posteriores à Bíblia de Gutenberg tornou-se ferramenta essencial na aplicação do método científico. Mas a criação de Gutenberg acelerou a marcha da ciência de outra maneira, menos conhecida: ela expandiu as possibilidades do desenho de lentes e do próprio vidro. Pela primeira vez, as propriedades físicas peculiares do dióxido de silício não eram utilizadas apenas para vermos as coisas que já enxergávamos com os próprios olhos; agora podíamos ver coisas que transcendiam os limites naturais da visão humana.

As lentes continuaram a desempenhar papel crucial na mídia dos séculos XIX e XX. Primeiro foram utilizadas por fotógrafos, para focar feixes

Primeiro microscópio desenhado por Robert Hooke, 1665.

de luz num papel especialmente tratado que captava imagens; depois pelos cineastas, para registrar e projetar imagens em movimento pela primeira vez. No início da década de 1940, começamos a revestir o vidro com fósforo e nele disparar elétrons, criando as hipnóticas imagens da televisão. Alguns anos depois, sociólogos e teóricos da mídia declararam que nos tornamos uma sociedade "da imagem", a galáxia alfabetizada de Gutenberg, dando lugar à paixão pelo brilho azul da tela da TV e ao glamour de Hollywood. Essas transformações emergiram de uma vasta gama de inovações e materiais, mas todas elas, de uma maneira ou de outra, dependiam da capacidade única do vidro de transmitir e manipular a luz.

Na verdade, a história da lente moderna e seu impacto na mídia não é tão surpreendente assim. É possível seguir uma linha intuitiva desde as lentes dos primeiros óculos até a lente do microscópio e à lente da câmera. Mas o vidro viria a apresentar outra bizarra propriedade física, que nem os mestres sopradores de vidro de Murano conseguiram explorar.

COMO PROFESSOR, parece que o físico Charles Vernon Boys era um fracasso. H.G. Wells, que por breve tempo foi um dos alunos de Boys no Royal College of Science de Londres, descreveu-o mais tarde como "um dos piores professores que já viraram as costas para uma audiência refratária. … [Ele] mexia no quadro-negro, matraqueava durante uma hora e voltava depressa para o mecanismo [em que estava trabalhando] em sua sala particular".[7]

Mas o que faltou a Boys na habilidade em ensinar foi compensado por sua contribuição para a física experimental, pelo projeto e construção de instrumentos científicos. Em 1887, como parte de suas experiências na física, Boys quis criar um caco de vidro muito fino para medir os efeitos das delicadas forças físicas nos objetos. Ele teve a ideia de usar uma fina fibra de vidro como braço de balança. Mas primeiro tinha de criar esse vidro.

Efeitos beija-flor algumas vezes acontecem quando uma inovação em um campo expõe uma falha em alguma outra tecnologia (ou, no caso do livro impresso, na nossa própria anatomia) que pode ser corrigida somente por outra disciplina, em conjunto. Mas às vezes esse efeito é alcançado graças a um tipo diferente de avanço: um radical progresso da nossa capacidade de *medir* algo e uma melhoria nas ferramentas que construímos para a medição. Novas maneiras de medir quase sempre implicam novas formas de produção. Foi isso que aconteceu com o braço de balança de Boys. Mas o que o tornou uma figura tão incomum nos anais da inovação foi decididamente a ferramenta pouco ortodoxa que ele usou em busca desse novo dispositivo de medição. Para criar sua delgada fibra de vidro, Boys construiu uma balestra especial em seu laboratório, e criou flechas muito leves (ou parafusos) para a arma. Em cada parafuso ele fixou com lacre a ponta de uma haste de vidro. Depois, aqueceu o vidro até amolecer e disparou o parafuso. Quando era arremessado em direção ao seu destino, o parafuso puxava uma cauda de fibra do vidro fundido ligada à balestra. Em um dos tiros, Boys produziu uma fibra de vidro de quase 28 metros de comprimento.

"Se eu tivesse feito um pedido a uma fada para obter alguma coisa que desejasse, teria pedido algo com tantas propriedades valiosas como essas fibras", escreveria Boys.[8] Mais espantoso, porém, era o quanto a fibra era forte: tão resistente, se não mais, que um fio de aço de tamanho equivalente. Há milhares de anos, os seres humanos vinham utilizando o vidro por sua beleza e transparência, mas tolerando sua fragilidade crônica. No entanto, a experiência com a balestra de Boys sugeriu que havia uma guinada na história desse material surpreendentemente versátil: o uso do vidro pela sua *força*.

Em meados do século seguinte, as fibras de vidro, agora associadas a um novo material miraculoso denominado *fiberglass*, estavam em todos os lugares: no isolamento de casas, em roupas, pranchas de surfe, grandes iates, capacetes e nas placas de circuito que conectam os chips dos computadores modernos. A fuselagem do principal jato da Airbus, o A380 – o maior avião comercial a cruzar os céus – é construída com um composto de alumínio e fibra de vidro, tornando-a muito mais resistente à fadiga e aos danos que as carcaças de alumínio tradicionais. Ironicamente, a maioria dessas aplicações ignorava a estranha capacidade do dióxido de silício para transmitir ondas de luz: não se percebia a olho nu que muitos objetos de fibra de vidro eram feitos de vidro. Durante as primeiras décadas de

Charles Vernon Boys no laboratório, 1917.

inovação com a fibra de vidro, a ênfase na não transparência fazia sentido. Era útil permitir que a luz passasse por uma vidraça ou por uma lente. Por que era necessário passá-la através de uma fibra não muito maior que um fio de cabelo humano?

A transparência das fibras de vidro só se tornou um recurso quando começamos a pensar na luz como uma forma de codificar a informação digital. Em 1970, pesquisadores da Corning Glassworks – a Murano da atualidade – desenvolveram um tipo de vidro tão extraordinariamente claro que um bloco do comprimento de um ônibus feito com esse vidro seria tão transparente quanto uma vidraça. (Hoje, depois de novos aprimoramentos, o bloco pode medir oitocentos metros de comprimento com a mesma transparência). Depois disso, cientistas da Bell Labs dispararam feixes de laser ao longo dessas fibras de vidro supertransparentes, fazendo flutuar sinais óticos que correspondiam aos 0 e 1 do código binário. Esse híbrido de duas invenções que aparentemente não tinham relação – a luz concentrada e ordenada do laser e a hipertransparência da fibra de vidro – veio a ser conhecido como fibra ótica.

Usar cabos de fibra ótica era bem mais eficiente que enviar sinais elétricos por meio de cabos de cobre, em especial para longas distâncias: a luz permitia maior amplitude de banda, era muito menos suscetível a ruído e interferências que a energia elétrica. Hoje, a espinha dorsal da internet global é construída com cabos de fibra ótica. Aproximadamente dez cabos distintos atravessam o oceano Atlântico, transportando quase todas as comunicações de voz e dados entre os continentes. Cada um desses cabos contém uma coleção de fibras separadas, rodeadas por camadas de aço e isolamento para mantê-las à prova d'água e protegidas de barcos pesqueiros, âncoras e até tubarões. Cada fibra individual é mais fina que um pedaço de palha. Parece impossível, mas o fato é que você pode segurar o conjunto de todas as vozes e tráfego de dados transmitidos entre a América do Norte e a Europa na palma de uma das mãos. Milhares de inovações uniram-se para tornar esse milagre possível. Tivemos de inventar a própria ideia de dados digitais, feixes de laser e computadores nas duas extremidades que pudessem transmitir e receber esses feixes de informações – para não mencionar os navios que assentam e reparam os cabos. No entanto, esses estranhos laços do dióxido de silício, mais uma vez, tornaram-se fundamentais para a história. A world wide web é tecida por filamentos de vidro.

Pense nesse ato icônico do início do século XXI: você tira uma *selfie* com seu telefone quando está em férias em algum lugar exótico; em seguida, carrega a imagem no Instagram ou no Twitter, de onde ela será transmitida para telefones de outras pessoas e computadores ao redor do mundo. Estamos acostumados a celebrar as inovações que possibilitaram esse ato quase como se fossem uma segunda natureza para nós: a miniaturização de computadores digitais para dispositivos portáteis, a criação da internet e da web, as interfaces de software de redes sociais. O que raramente fazemos é reconhecer a forma como o vidro suporta essa rede inteira. Podemos tirar fotos usando lentes de vidro, armazená-las e manipulá-las em placas de circuito feitas de fibra de vidro, transmiti-las para o mundo todo através de cabos de vidro e apreciá-las em telas feitas de vidro. É o dióxido de silício do início ao fim da cadeia.

É FÁCIL FAZER PIADA com nossa propensão a fazer *selfies*, mas o fato é que existe uma longa e histórica tradição por trás dessa forma de autoexpressão. Algumas das mais reverenciadas obras de arte do Renascimento e do início do Modernismo são autorretratos;[9] de Dürer, Leonardo da Vinci e Rembrandt até Van Gogh com sua orelha enfaixada, os pintores se mostram obcecados em captar imagens variadas e detalhadas de si mesmos na tela. Rembrandt, por exemplo, pintou cerca de quarenta autorretratos ao longo de sua vida. Mas uma coisa interessante sobre o autorretrato é que ele efetivamente não existia como convenção artística na Europa antes de 1400. As pessoas pintavam paisagens, a realeza, cenas religiosas e mil outros temas. Mas não pintavam a si mesmas.

A explosão do interesse por autorretratos foi resultado direto de mais um avanço tecnológico da nossa capacidade de manipular o vidro. Em Murano, os fabricantes de vidro perceberam uma maneira de combinar seus vidros cristalinos com uma inovação na metalurgia, revestindo a parte de trás do vidro com um amálgama de estanho e mercúrio a fim de criar uma superfície brilhante e altamente reflexiva.[10] Pela primeira vez, os espelhos tornaram-se parte da estrutura da vida cotidiana. Isso foi uma revelação no mais íntimo dos níveis: antes do advento dos espelhos, as pessoas comuns passavam a vida sem nunca terem uma representação realmente exata do próprio rosto, mas apenas imagens fragmentárias e distorcidas refletidas em poças de água ou metais polidos.

Os espelhos pareciam tão mágicos que logo foram integrados a rituais sagrados um tanto bizarros. Durante peregrinações sagradas, tornou-se prática comum para os peregrinos prósperos levar um espelho na viagem. Ao visitar as relíquias sagradas, eles posicionavam-se para que pudessem ver os ossos refletidos nos espelhos. Ao voltar para casa, mostravam esses espelhos para os amigos e parentes, vangloriando-se de que haviam captado o reflexo da cena sagrada. Antes de se concentrar na prensa, Gutenberg teve a ideia de fabricar e vender pequenos espelhos para os peregrinos que partiam em viagem.

No entanto, o impacto mais significativo do espelho seria secular, e não sagrado. Filippo Brunelleschi usou um espelho para inventar uma perspectiva linear na pintura, desenhando um reflexo do batistério de Florença, em vez de sua percepção direta do prédio. A arte do final do Renascimento é muito marcada por espelhos à espreita dentro das pinturas. A mais famosa é a obra-prima invertida de Diego Velázquez, *As meninas*, que mostra o artista (e a família real) no processo da pintura do rei Felipe IV e da rainha Mariana da Espanha. Toda a imagem é captada do ponto de vista dos dois personagens reais posando para o retrato; em sentido literal, esse é um quadro sobre o ato de pintar. O rei e a rainha são visíveis apenas num pequeno fragmento da tela, à direita do próprio Velázquez: duas imagens pequenas, embaçadas, refletidas num espelho.

Como ferramenta, o espelho tornou-se um trunfo inestimável para pintores que agora podiam captar o mundo ao seu redor de modo muito mais realista, inclusive as características detalhadas de seus próprios rostos. Leonardo da Vinci observou o seguinte em seus cadernos (usando espelhos, naturalmente, para escrever de trás para a frente em seu lendário manuscrito):

> Quando você quiser ver se o efeito geral de sua pintura corresponde àquele do objeto representado a partir da natureza, pegue um espelho e posicione-o para que ele reflita o objeto real, e então compare o reflexo com sua pintura,

> e analise cuidadosamente se o objeto das duas imagens está em conformidade um com o outro, estudando especialmente o espelho. O espelho deve ser tomado como um guia.[11]

O historiador Alan Macfarlane escreve sobre o papel do vidro na formação da visão artística:

> É como se todos os seres humanos tivessem algum tipo sistemático de miopia que tornou impossível ver, e particularmente representar, o mundo natural com precisão e clareza. Os seres humanos normalmente viam a natureza simbolicamente, como um conjunto de sinais. ... O vidro, ironicamente, retirou ou compensou o escuro vidro da visão humana e as distorções da mente, deixando, portanto, entrar mais luz.[12]

No exato momento em que a lente de vidro nos permitiu estender nossa visão até as estrelas ou as células microscópicas, os espelhos de vidro propiciaram que nós nos víssemos pela primeira vez. O espelho colocou em movimento uma reorientação mais sutil da sociedade, mas não menos transformadora que a reorientação do nosso lugar no Universo engendrada pelo telescópio. "O mais poderoso príncipe do mundo criou um vasto salão de espelhos, e o espelho se propagou de um quarto para outro nas casas burguesas", escreve Lewis Mumford em *Technics and Civilization*. "A consciência de si mesmo, a introspecção, a conversa com o espelho desenvolveram o novo objeto em si."[13] As convenções sociais, assim como os direitos de propriedade e outros costumes, começaram a girar em torno do indivíduo, e não de unidades mais antigas e coletivas: a família, a tribo, a cidade, o reino.

As pessoas passaram a escrever sobre suas vidas interiores com muito mais apuro. Hamlet ruminou no palco; o romance surgiu como forma dominante da narrativa, sondando a vida interior dos personagens com profundidade incomparável. Entrar em um romance, em particular o narrado na primeira pessoa, era uma espécie de truque conceitual: deixava o leitor nadar através da consciência, dos pensamentos e das emoções de outras pessoas de modo mais eficaz que qualquer forma estética já inventada. O romance psicológico, em certo sentido, é o tipo de história que você começa a querer ouvir quando passa algumas horas significativas de sua vida olhando-se no espelho.

Quanto dessa transformação se deve ao vidro? Duas coisas são inegáveis: o espelho desempenhou um papel direto nisso, permitindo que artistas pintassem a si próprios e inventassem a perspectiva como dispositivo formal. Logo em seguida, uma mudança fundamental ocorreu na consciência dos europeus, orientando-os em torno de si próprios de uma nova maneira, mudança que seria difundida por todo o mundo (e continua se propagando). Sem dúvida, muitas forças convergiram para possibilitar essa mudança. O mundo autocentrado jogou bem com as primeiras formas do capitalismo moderno que prosperou em lugares como Veneza e Holanda (casa dos mestres da pintura introspectiva, Dürer e Rembrandt). Provavelmente essas várias forças complementavam-se. Espelhos de vidro estiveram entre os primeiros mobiliários de alta tecnologia para a casa; uma vez que fixamos o olhar nos espelhos, começamos a nos ver de maneira diferente, de formas que incentivaram os sistemas de mercado, que alegremente passaram a nos vender mais espelhos.

Não que o espelho tenha causado o Renascimento, porém ele se emparelhou, em uma retroalimentação positiva, com outras forças sociais, e sua capacidade incomum de refletir a luz fortaleceu essas forças. Essa é a perspectiva que o historiador robô nos permite ver: a tecnologia não é a única causa de uma transformação cultural como o Renascimento, mas, em muitos aspectos, é tão importante para a história quanto os homens visionários que convencionalmente homenageamos.

Macfarlane tem uma maneira engenhosa de descrever esse tipo de relacionamento causal. O espelho não "forçou" o surgimento do Renascimento, mas "permitiu" que ele acontecesse. A elaborada estratégia reprodutiva dos polinizadores não *forçou* o beija-flor a desenvolver sua espetacular aerodinâmica. Ela criou as condições que *permitiram* ao beija-flor tirar proveito dos açúcares livres das flores evoluindo esse traço distintivo. O fato de o beija-flor ser tão único no reino aviário sugere que, se as flores não tivessem evoluído sua dança simbiótica com os insetos, a capacidade de pairar do beija-flor jamais teria se desenvolvido. É fácil imaginar um mundo com flores e sem beija-flores. Muito mais difícil é imaginar um mundo sem flores e *com* beija-flores.

O mesmo vale para avanços tecnológicos como o espelho. Sem a tecnologia que possibilitou ao homem ver um reflexo claro da realidade, incluindo seu próprio rosto, a constelação específica de ideias na arte, na filosofia e na política do que chamamos de Renascimento teria tido mais dificuldades para se agrupar. (A cultura japonesa valorizou muito os espelhos de aço durante mais ou menos o mesmo período, mas nunca os adotou com o mesmo uso introspectivo que floresceu na Europa, em parte, talvez, porque o aço reflete muito menos luz que os espelhos de vidro, além de adicionar uma coloração artificial à imagem.) Mas o espelho não estava ditando com exclusividade os termos da revolução europeia em sua sociedade do eu.

Uma cultura diferente, que inventasse o fino espelho de vidro em um momento diferente do seu desenvolvimento histórico, poderia não ter experimentado a mesma revolução intelectual, pois o restante da sua ordem social diferia daquilo que era próprio das cidades montanhosas da Itália no século XV. O Renascimento também se beneficiou de um sistema de patrocínio que tornou possível que artistas e cientistas passassem seus dias brincando com espelhos em lugar de, digamos, procurar nozes e frutas silvestres. Um Renascimento sem os Médici – não a família em si, claro, mas a classe econômica que ela representava – é tão difícil de imaginar quanto o Renascimento sem o espelho.

Pode-se dizer que as virtudes da sociedade do eu são totalmente discutíveis. Orientar as leis em torno de indivíduos levou diretamente a toda uma tradição de direitos humanos e à preeminência da liberdade individual em códigos legais. Isso deve ser contado como progresso. Mas pessoas razoáveis discordam para saber se nós, agora, não fomos longe demais em direção ao individualismo, distanciando-nos das organizações coletivas: o sindicato, a comunidade, o Estado. Resolver essas divergências requer um conjunto diferente de argumentos – e valores – do que aqueles de que precisamos para explicar de onde esses desentendimentos surgiram. O espelho ajudou a inventar o indivíduo moderno, de uma forma real, porém não quantificável. Deveríamos concordar com isso. Mas se foi uma coisa boa, esta é, afinal, uma questão à parte, que talvez jamais seja resolvida de forma conclusiva.

O VULCÃO INATIVO de Mauna Kea, no arquipélago do Havaí, eleva-se a mais de 4 mil metros acima do nível do mar, embora a montanha desça outros 6 mil metros para o fundo do oceano, tornando-se significativamente maior que o monte Everest em termos de altura da base até o topo. Ele é um dos poucos lugares no mundo onde você pode subir do nível do mar para 4 mil metros em questão de horas. No cume, a paisagem é estéril, quase marciana, em sua extensão rochosa e sem vida. Uma camada de inversão térmica geralmente mantém as nuvens milhares de metros abaixo do pico do vulcão. O ar é seco e rarefeito. No ponto mais alto do vulcão, você está tão longe dos continentes do planeta quanto na base; isso significa que a atmosfera ao redor do Havaí – não perturbada pela turbulência da energia solar, refletida ou absorvida por abundantes e variadas massas de terra – é tão estável como em qualquer outro lugar no planeta. Todas essas propriedades fazem do pico de Mauna Kea um dos lugares mais sobrenaturais que você pode visitar. Além de ser também um lugar sublime para contemplar as estrelas.

Hoje, o pico do Mauna Kea é coroado por treze observatórios distintos, abóbadas brancas maciças espalhadas pelas rochas vermelhas como se fossem postos avançados cintilando num planeta distante. Incluídos nesse grupo estão os telescópios gêmeos do Observatório W.M. Keck, os mais poderosos telescópios óticos na Terra. Os telescópios Keck parecem descendentes diretos da criação de Hans Lippershey, só que não dependem de lentes para fazer sua magia. A fim de captar luz dos cantos distantes do Universo, você precisaria de lentes do tamanho de uma caminhonete. Nesse tamanho, fisicamente, o vidro não se sustentaria e causaria distorções inevitáveis para a imagem. Assim, os cientistas e engenheiros que trabalharam no Keck empregaram outra técnica para captar traços extremamente tênues de luz: o espelho.

Cada telescópio tem 36 espelhos hexagonais que, juntos, formam uma tela reflexiva de seis metros. Essa luz é refletida em um segundo espelho e enviada para um conjunto de instrumentos, no qual as imagens podem ser processadas e visualizadas na tela de um computador. (Não há nenhum ponto de vista no Keck de onde alguém pudesse olhar diretamente por um telescópio de Galileu ou de outros incontáveis astrônomos desde que ele foi construído.) Mas, mesmo na rarefeita e ultraestável atmosfera acima de Mauna Kea, pequenas perturbações podem macular as imagens captadas pelo Keck. Por isso, os observatórios empregam um engenhoso sistema denominado "ótica adaptativa" para corrigir a visão dos telescópios.

Lasers são lançados à noite para o céu acima do Keck, criando efetivamente uma estrela artificial no firmamento. Essa falsa estrela torna-se uma espécie de ponto de referência. Os cientistas sabem exatamente como o laser seria visto no céu se não houvesse nenhuma distorção atmosférica, e assim eles conseguem medir a distorção ao comparar a imagem "ideal" do laser com o que na verdade os telescópios registram. Guiados por esse mapa dos ruídos atmosféricos, os computadores instruem os espelhos do

Observatório Keck

telescópio a se curvarem ligeiramente, baseados nas exatas distorções ocorridas nos céus de Mauna Kea naquela noite. O efeito é quase o mesmo de colocar óculos numa pessoa míope: de repente objetos distantes ficam significativamente mais claros.

Claro que, para os telescópios Keck, esses objetos distantes são galáxias e supernovas em alguns casos situados a bilhões de anos-luz de distância. Quando olhamos através dos espelhos do Keck, estamos inspecionando minuciosamente um passado distante. Mais uma vez, o vidro ampliou nossa visão, não só para o invisível mundo de células e micróbios, ou da conectividade global do telefone com câmera, mas para um caminho de volta aos primórdios do Universo. O vidro começou como bugigangas e recipientes vazios. Alguns milhares de anos mais tarde, empoleirado acima das nuvens no topo do Mauna Kea, tornou-se uma máquina do tempo.

A HISTÓRIA DO VIDRO nos lembra como nossa engenhosidade está ao mesmo tempo confinada e fortalecida pelas propriedades físicas dos elementos ao nosso redor. Quando pensamos nos seres que fizeram o mundo moderno, em geral falamos dos grandes visionários da ciência e da política, de invenções revolucionárias ou de grandes movimentos coletivos. Mas há um elemento material na nossa história, não o materialismo dialético praticado pelo marxismo, em que "material" representava a luta de classes e a suprema primazia da explicação econômica. Uma história material no sentido de uma história moldada pelos blocos básicos da estrutura da matéria, que se conectam a coisas como movimentos sociais ou sistemas econômicos.

Imagine que fosse possível reescrever o big bang (ou brincar de Deus, dependendo de sua metáfora) e criar um Universo que fosse exatamente como o nosso, apenas com uma pequena mudança: os elétrons do átomo de silício não se comportariam da mesma maneira. Nesse Universo alternativo, os elétrons *absorvem* a luz, como a maioria dos materiais, em vez de deixar os fótons passarem por eles. Esse pequeno ajuste poderia não fazer nenhuma diferença para toda a evolução do *Homo sapiens* até alguns milhares de anos atrás. Mas então, surpreendentemente, tudo mudou. Os seres humanos começaram a explorar o comportamento quântico desses elétrons de silício de inúmeras formas diferentes.

Em algum nível fundamental, é impossível imaginar o último milênio sem o vidro transparente. Agora podemos transformar o carbono (na forma composta definida pelo século XX, o plástico) em materiais transparentes duráveis que podem funcionar como vidro, mas essa descoberta tem menos de um século. No entanto, com os elétrons do silício alterados, são eliminados os últimos mil anos de vitrais, óculos, lentes, lâmpadas, tubos de ensaio. (Espelhos de alta qualidade poderiam ter sido inventados usando-se outros materiais reflexivos, embora isso provavelmente demorasse mais alguns séculos.) Um mundo sem vidro transformaria não apenas os edifícios da civilização, removendo todos os vitrais das grandes catedrais e as superfícies lustrosas e reflexivas da paisagem urbana moderna. Um mundo sem vidro atingiria o cerne do progresso moderno: o aumento da expectativa de vida decorrente do entendimento da célula, do vírus e da bactéria; o conhecimento genético do que nos faz humanos; o conhecimento dos astrônomos do nosso lugar no Universo. Nenhum material na Terra foi mais importante que o vidro para esses avanços inovadores.

Em carta a um amigo sobre o livro de história natural que jamais conseguiu escrever, René Descartes explicou como ele gostaria de contar a história do vidro: "Como essas cinzas, pela mera intensidade (da ação) do calor, transformaram-se em vidro: como essa transmutação de cinzas em vidro pareceu-me tão maravilhosa como qualquer outra natureza, tive especial prazer em descrevê-la."[14] Descartes estava suficientemente perto da revolução original do vidro para perceber sua magnitude. Hoje, nós estamos a muitos passos de distância da influência do material original para apreciar quão importante o vidro foi e continua a ser para a existência cotidiana.

Esse é um daqueles lugares que se iluminam por uma abordagem de zoom longo, permitindo-nos ver coisas que teríamos perdido se permanecêssemos concentrados nos suspeitos habituais da narrativa histórica. Invocar os elementos físicos para debater as mudanças históricas não é algo inédito, claro. A maioria de nós aceita a ideia de que o carbono tem desempenhado papel essencial na atividade humana desde a Revolução Industrial. Mas, de certa forma, isso não chega a ser novidade.

O carbono tem sido essencial para todo organismo vivo desde a sopa primordial. Mas os homens não tinham encontrado muita utilidade para o dióxido de silício até que os fabricantes de vidro começaram a mexer com suas curiosas propriedades, mil anos atrás. Hoje, se você olhar ao seu redor, no recinto onde está no momento, verá que há centenas de objetos ao seu alcance que dependem do dióxido de silício para existir, e, mais ainda, que contêm o próprio silício: a vidraça das janelas ou claraboias, a lente do telefone celular, a tela do computador, tudo com um microchip ou um relógio digital. Se você estivesse distribuindo os papéis de protagonistas da química cotidiana de 10 mil anos atrás, os principais intérpretes seriam os mesmos de hoje: somos fortes usuários de carbono, hidrogênio e oxigênio. Mas é provável que o silício não tivesse recebido nenhum crédito. Embora seja abundante na Terra – mais de 90% da crosta é composta por esse elemento –, o silício não desempenha quase nenhuma função no metabolismo natural das formas de vida no planeta. Nossos corpos dependem do carbono, e muitas das nossas tecnologias (combustíveis fósseis e plásticos) mostram a mesma dependência. Todavia, a necessidade do silício é um desejo moderno.

A pergunta é: por que demorou tanto tempo? Por que as extraordinárias propriedades dessa substância foram tão ignoradas pela natureza, e por que essas propriedades de repente tornaram-se essenciais para a sociedade humana, começando aproximadamente mil anos atrás? Claro que, para tentar responder a essas questões, só podemos especular. Mas a resposta decerto tem a ver com outra tecnologia: a fornalha. Uma das razões de a evolução não encontrar muito uso para o dióxido de silício é que a maioria das coisas realmente interessantes sobre a substância só aparece depois de atingir mais de 500°. A água líquida e o carbono fazem coisas maravilhosas e inventivas com a temperatura da atmosfera terrestre, mas é difícil ver as possibilidades do dióxido de silício antes de ele ser derretido, e o ambiente da Terra – pelo menos na superfície do planeta – simplesmente não é tão quente. Esse foi o efeito beija-flor desencadeado pela fornalha: ao aprender a gerar calor extremo em ambiente controlado, desvendamos o potencial molecular do dióxido de silício, que logo transformou a forma como vemos o mundo e a nós mesmos.

De uma maneira estranha, o vidro estava tentando ampliar nossa visão do Universo desde os primórdios, muito antes de sermos inteligentes o suficiente para notar. Os fragmentos de vidro do deserto da Líbia que foram parar na tumba do faraó Tutancâmon intrigaram igualmente arqueólogos, geólogos e astrofísicos durante décadas. As moléculas semilíquidas do dióxido de silício indicavam que tinham se formado em temperaturas que só poderiam ter sido criadas pelo impacto direto de um meteoro, mas não havia evidência de uma cratera de impacto em qualquer lugar nas proximidades. Então, de onde vieram essas temperaturas extraordinárias? Um relâmpago pode transmitir calor suficiente para produzir vidro numa pequena quantidade de silício, mas não pode abranger hectares de areia num único impacto.

A partir daí, os cientistas começaram a explorar a ideia de que o vidro da Líbia surgiu de um cometa que colidiu com a atmosfera da Terra e explodiu sobre as areias do deserto. Em 2013, um geoquímico sul-africano chamado Jan Kramers analisou uma pedra misteriosa do local e determinou que ela havia se originado do núcleo de um cometa, o primeiro objeto desse tipo a ser descoberto na Terra. Cientistas e agências espaciais têm gasto bilhões de dólares à procura de partículas de cometas, porque elas oferecem uma visão minuciosa sobre a formação de sistemas solares. O pedregulho do deserto da Líbia agora lhes dá acesso direto à geoquímica dos cometas. Enquanto isso, o vidro já estava indicando esse caminho.

2. Frio

Nos meses do início do verão de 1834, um navio de três mastros chamado *Madagascar* entrou no porto do Rio de Janeiro trazendo em seu porão uma carga extremamente implausível: um lago congelado da Nova Inglaterra. O *Madagascar* e a tripulação estavam a serviço de um empresário obstinado e empreendedor de Boston chamado Frederic Tudor. Hoje a história o conhece como "Rei do Gelo", porém, durante a maior parte do início de sua vida adulta, ele foi um fracasso total, embora com uma tenacidade notável.

"O gelo é um objeto interessante para contemplação", escreveu Thoreau em *Walden*,[1] olhando para a congelada extensão "lindamente azul" do lago de Massachusetts. Tudor cresceu contemplando o mesmo cenário. Era um jovem bem de vida de Boston, sua família havia muito tempo admirava a água congelada do lago de sua terra natal, Rockwood – não só pela estética, mas também pela permanente capacidade de manter as coisas frias. Como muitas famílias abastadas nos climas do norte, os Tudor armazenavam blocos de água do lago congelado em frigoríficos, cubos de gelo de noventa quilos que permaneciam maravilhosamente indissolúveis até a chegada dos meses quentes do verão, e um novo ritual começava: lascar fatias dos blocos para refrescar bebidas, fazer sorvete, resfriar um banho durante uma onda de calor.

A ideia do bloco de gelo intacto por meses sem o benefício da refrigeração artificial soa estranha aos ouvidos modernos. Nós costumamos preservar o gelo graças às diversas tecnologias de congelamento do mundo atual. Mas o gelo na natureza é outro assunto – com exceção de um glaciar ocasional, consideramos que um bloco de gelo não pode sobreviver mais de uma hora no calor do verão, quanto mais meses.

Mas Tudor sabia por experiência pessoal que um grande bloco de gelo podia durar muito nas temperaturas máximas do verão caso fosse resguardado do sol – ou pelo menos até o fim da primavera na Nova Inglaterra. Esse conhecimento plantaria a semente de uma ideia em sua cabeça, ideia que acabaria custando sua sanidade, sua fortuna e sua liberdade – antes de torná-lo um homem imensamente rico.

Quando tinha dezessete anos, seu pai o mandou em viagem ao Caribe, acompanhando o irmão mais velho, John, que sofria de uma doença no joelho que o deixara praticamente inválido. A ideia era que os climas quentes melhorariam a saúde de John. Mas na verdade o efeito foi o oposto. Ao chegarem a Havana, os irmãos Tudor se sentiram oprimidos pelo clima quente e úmido. Logo navegaram de volta ao continente, parando em Savannah e Charleston, mas o calor do verão precoce os seguiu, e John ficou doente com o que parece ter sido uma tuberculose. Seis meses depois, ele morria, aos vinte anos.

Frederic Tudor

Como intervenção médica, a aventura do irmão de Tudor no Caribe foi um completo desastre. Mas o sofrimento provocado pela inevitável umidade dos trópicos nas regalias de um cavalheiro do século XIX propiciou uma ideia radical – alguns diriam absurda – para o jovem Frederic Tudor: se ele conseguisse uma forma de transportar gelo do congelado norte para o Caribe, haveria um enorme mercado para ele. A história do comércio global já tinha demonstrado que vastas fortunas podiam ser feitas transportando-se uma mercadoria onipresente em certo ambiente para um local onde ela fosse escassa. Para o jovem Tudor, o gelo parecia ajustar-se perfeitamente a essa equação: quase inútil em Boston, o gelo seria inestimável em Havana.

O comércio de gelo não era mais que um palpite, contudo, por alguma razão, Tudor manteve-o vivo em sua mente durante o luto, depois da morte do irmão, e ao longo dos anos sem rumo de um jovem de posses na sociedade de Boston. Em algum momento, dois anos após a morte do irmão, ele comunicou seu implausível esquema a seu irmão William e ao cunhado, o também próspero Robert Gardiner. Poucos meses depois do casamento da irmã, Tudor começou a escrever um diário. No frontispício, ele desenhou um esboço do edifício Rockwood, que há muito permitia à sua família escapar do calor do verão. Ele chamou-o de "Ice House diary". A primeira anotação era: "Plano etc. para o transporte de gelo para climas tropicais. Boston, 1º de agosto de 1805. William e eu resolvemos neste dia juntarmos nossos recursos e embarcar no empreendimento de transportar gelo para o Caribe no próximo inverno."[2]

A anotação era típica do comportamento de Tudor: alegre, confiante, quase comicamente ambiciosa. (O irmão William parecia menos convencido da viabilidade do esquema.) A confiança de Tudor em seu projeto derivava do valor final que o gelo obteria em seu caminho até os trópicos: "Em um país onde o calor é quase insuportável em algumas estações do ano", ele escreveu em anotação posterior, "onde às vezes a necessidade primária da vida, a água, não pode ser obtida, a não ser em estado tépido, o gelo deve ser considerado um luxo muito maior que os outros."[3] O comércio de gelo estava destinado a dotar os irmãos Tudor de "fortunas tão grandes que nem saberíamos o que fazer com elas".[4] Tudor parece ter dado menos atenção aos desafios de transportar o gelo. Em correspondência do período, Tudor relata histórias de terceiros – quase certamente apócrifas –, de sorvete enviado intacto da Inglaterra a Trinidad, como primeira prova de que seu plano iria funcionar.

Ao ler o "Ice House diary" agora, podemos ouvir a voz de um jovem acometido pela febre da convicção, fechando suas defesas cognitivas contra dúvidas e contra-argumentos.

Por mais iludido que Frederic possa parecer, ele tinha uma coisa a seu favor: os meios para colocar em movimento a incrível façanha de seu plano. Tinha dinheiro suficiente para arrendar um navio e uma infinita fonte de gelo fabricado pela mãe natureza a cada inverno. Assim, em novembro de 1805, Tudor enviou seu irmão e o primo para a Martinica como guarda avançada, com instruções para negociar os direitos exclusivos sobre o gelo que seguiria vários meses depois. Enquanto esperava por notícias de seus emissários, Tudor comprou um navio chamado *Favorite* por US$ 4.750 e começou a colheita do gelo como preparativo para a viagem. Em fevereiro, Tudor zarpou do porto de Boston, com o *Favorite* portando uma carga completa de gelo de Rockwood, com destino ao Caribe. O esquema de Tudor foi corajoso o suficiente para atrair a atenção da imprensa, embora o tom tenha deixado algo a desejar. "Não é uma piada", informou a *Boston Gazette*. "A embarcação com uma carga de oitenta toneladas de gelo zarpou desse porto para a Martinica. Esperamos que isso não se revele uma especulação escorregadia."[5]

O escárnio do jornal se mostraria bem fundamentado, embora não pelas razões esperáveis. Apesar de inúmeros atrasos relacionados ao clima, o gelo sobreviveu à jornada em ótima forma. O problema apareceu num aspecto em que Tudor nunca havia pensado. Os moradores da ilha da Martinica não se interessaram pelos benefícios daquele exótico gelo. Eles simplesmente não sabiam o que fazer com aquilo.

No mundo moderno, estamos habituados com a ideia de que um dia normal envolve a exposição a uma ampla variação de temperaturas. Gostamos de tomar café quente de manhã e sorvete de sobremesa, à tarde.

Aqueles de nós que vivem em climas com verões quentes transitam entre o ar-condicionado dos escritórios e a mais brutal umidade; onde o inverno impõe as regras, nos agasalhamos bem, nos aventuramos pelas ruas geladas e aumentamos o termostato quando voltamos para casa. Mas a esmagadora maioria dos seres humanos que vivia em climas equatoriais em 1800 literalmente nunca tinha experimentado alguma coisa fria, nem uma vez. A ideia de água congelada era tão fantasiosa para os moradores da Martinica quanto um iPhone.

As misteriosas, quase mágicas, propriedades do gelo acabariam afinal aparecendo em um dos grandes textos de introdução da literatura do século XX, *Cem anos de solidão*, de Gabriel García Márquez: "Muitos anos depois, diante do pelotão de fuzilamento, o coronel Aureliano Buendía havia de recordar aquela tarde remota em que seu pai o levou para conhecer o gelo." Buendía lembrou-se de uma série de feiras itinerantes realizadas por ciganos durante sua infância, cada qual mostrando uma nova tecnologia extraordinária. Os ciganos exibiam lingotes magnéticos, telescópios e microscópios; mas nenhuma dessas conquistas da engenharia impressionou tanto os moradores da imaginária cidade sul-americana de Macondo quanto um bloco de gelo.

Mas às vezes a simples novidade de um objeto pode tornar difícil discernir sua utilidade. Esse foi o primeiro equívoco de Tudor, apostar que a novidade absoluta do gelo seria um ponto a seu favor. Ele esperava que os blocos de gelo superassem todos os outros luxos. Em vez disso, eles apenas receberam olhares indiferentes.

A indiferença diante dos poderes mágicos do gelo impediu que o irmão de Tudor, William, encontrasse um comprador exclusivo para a carga. Pior ainda, ele não conseguiu estabelecer um local adequado para armazenar a carga. Havia percorrido todo o caminho para a Martinica, mas deparou com a ausência de demanda para um produto que derretia ao calor tropical em ritmo alarmante. Postou panfletos ao redor da cidade incluindo instruções específicas sobre como transportar e preservar o gelo, mas encontrou parcos compradores. Ele conseguiu fazer um pouco de sorvete, impressionando alguns moradores locais, que acreditavam que a iguaria não poderia ser criada tão perto do equador. Em última análise, a viagem foi um completo fracasso. Em seu diário, Tudor estimou que tivesse perdido quase US$ 4 mil em sua desventura tropical.

O TRISTE PADRÃO da viagem à Martinica se repetiria nos anos seguintes, com resultados cada vez mais catastróficos. Tudor enviou uma série de navios com gelo para o Caribe, obtendo apenas um ligeiro aumento na demanda do produto. Enquanto isso, a fortuna da família entrou em colapso, e os Tudor retiraram-se para a fazenda da família em Rockwood, que, como a maioria das terras da Nova Inglaterra, tinha perspectivas agrícolas muito parcas. Colher gelo era a última esperança da família. Contudo, era uma esperança que quase todos em Boston ridicularizavam abertamente, e uma série de naufrágios e embargos tornaram essa visão escarnecedora cada vez mais verdadeira. Em 1813, Tudor foi atirado à prisão dos caloteiros. Alguns dias depois, ele escreveu a seguinte anotação em seu diário:

> Segunda-feira, dia 9, instante em que fui preso ... e trancado como devedor na prisão de Boston. ... Nesse dia memorável em minhas pequenas crônicas eu tenho 28 anos, seis meses e cinco dias de idade. Esse é um evento que eu não poderia ter evitado, mas é um clímax do qual tinha esperança de ter escapado, pois meus negócios afinal parecem caminhar bem, depois de uma luta terrível contra circunstâncias adversas, durante sete anos – porém, aconteceu, e tenho me esforçado para enfrentá-lo como faria com a tempestade do céu, a qual deve servir para fortalecer, e não para reduzir o espírito de um verdadeiro homem.[6]

O novo empreendimento de Tudor sofreu duas grandes desvantagens. Ele tinha um problema de demanda, pois a maioria de seus clientes potenciais não entendia como o produto podia ser útil. E havia a questão do armazenamento: ele perdia muito do produto para o calor, em particular quando chegava aos trópicos. Mas sua base na Nova Inglaterra propiciava uma vantagem crucial, além do próprio gelo. Ao contrário do Sul dos

Estados Unidos, com suas plantações de açúcar e campos de algodão, os estados do Nordeste em grande parte eram desprovidos de recursos naturais que pudessem ser vendidos em outro lugar. Isso significava que os navios tendiam a deixar o porto de Boston vazios, rumando para o Caribe a fim de encher seus porões com cargas valiosas, antes de regressar aos mercados ricos da Costa Leste. Pagar a uma tripulação para conduzir um navio sem carga era queimar dinheiro. Qualquer carga era melhor que nada, o que significava que Tudor poderia negociar tarifas mais baixas para carregar seu gelo no que seria um navio sem carga, evitando a necessidade de comprar e manter sua própria frota.

Parte da beleza do gelo, sem dúvida, era ser basicamente gratuito. Tudor só precisava pagar a trabalhadores para moldar os blocos retirados dos lagos congelados. A economia da Nova Inglaterra constava de outro produto igualmente inútil, a serragem, o principal refugo das serrarias. Após anos experimentando diferentes soluções, Tudor descobriu que a serragem era um excelente isolante para o gelo. Blocos em camadas, uns em cima dos outros, separados com serragem, duravam quase o dobro do tempo que o gelo desprotegido. Essa foi a frugal genialidade de Tudor: ele pegou três coisas que tinham custo zero – gelo, pó de serra e um navio vazio – e os transformou num próspero negócio.

A catastrófica viagem inicial de Tudor para a Martinica deixou claro que ele precisava de um armazém nos trópicos que pudesse controlar; era muito perigoso manter seu produto perecendo em prédios não especificamente projetados para isolar o gelo do calor do verão. Ele tentou vários projetos de depósitos de gelo, até finalmente se decidir por uma estrutura de dupla camada que utilizava o ar entre duas paredes de pedra para manter o interior fresco.

Tudor não entendia a base química molecular dessa decisão, mas tanto a serragem quanto a arquitetura da dupla camada tinham o mesmo princípio. Para o gelo derreter, era preciso retirar calor do ambiente circundante, quebrando o elo tetraédrico dos átomos de hidrogênio que propicia a estrutura cristalina do gelo. (A extração do calor a partir do ambiente circundante é que confere ao gelo sua capacidade milagrosa de nos refrescar.)

O único lugar em que a troca de calor pode ocorrer é a superfície do gelo, e é por isso que os grandes blocos sobrevivem por tanto tempo – todas as ligações do hidrogênio de seu interior estão perfeitamente isoladas da temperatura exterior. Se você tenta proteger o gelo do calor externo com algum tipo de substância que conduz o calor de forma eficiente – um metal, por exemplo –, as ligações do hidrogênio logo se decompõem em água. Mas se você criar, entre o calor externo e o gelo, um tampão que conduz o calor precariamente, o gelo preservará seu estado cristalino por muito mais tempo. Como condutor térmico, o ar é cerca de 2 mil vezes menos eficiente que o metal e mais de vinte vezes menos eficiente que o vidro.

Em seus depósitos de gelo, a estrutura de dupla camada de Tudor criou um isolante de ar que mantinha o calor do verão longe do gelo. Os invólucros de serragem nos navios criavam inúmeros bolsões de ar entre as aparas de madeira que mantinham o gelo isolado. Isolantes modernos, como o isopor, contam com a mesma técnica: o cooler que você leva no piquenique conserva a melancia gelada porque é feito de cadeias de poliestireno intercaladas com pequenos bolsões de gás.

Em 1815, Tudor tinha afinal montado as peças-chave do quebra-cabeça do gelo: colheita, isolamento, transporte e armazenamento. Ainda perseguido por credores, ele começou a fazer embarques regulares para um depósito de gelo de alta tecnologia que construíra em Havana, onde o apetite por sorvetes teve lenta maturação. Passados quinze anos desde seu palpite inicial, o comércio de gelo de Tudor finalmente deu lucro. Na década de 1820, ele tinha por toda a América do Sul depósitos de gelo lotados de água congelada da Nova Inglaterra. Na década de 1830, os navios navegavam para o Rio de Janeiro e Bombaim. (A Índia acabaria por se revelar o mercado mais lucrativo.) Quando morreu, em 1864, Tudor havia acumulado uma fortuna de mais de US$ 200 milhões em valor atual.

Três décadas depois de sua fracassada primeira viagem, Tudor escreveu as seguintes palavras no diário:

> Neste mesmo dia eu parti de Boston trinta anos atrás, no *Brig. Favorite Capt. Pearson*, para a Martinica, com a primeira carga de gelo. No ano passado

> enviei mais de trinta cargas de gelo, e quarenta mais foram enviadas por outras pessoas. ... O negócio está estabelecido. Não pode ser abandonado agora nem depender apenas de uma única vida. A humanidade terá a bênção para sempre, morra eu logo ou tenha longa vida.[7]

O triunfante (embora muito atrasado) sucesso de Tudor vendendo gelo ao redor do mundo parece implausível para nós hoje, não só porque é difícil imaginar blocos de gelo sobrevivendo à travessia de Boston a Bombaim. Há uma curiosidade adicional, quase filosófica, nesse negócio do gelo. A maior parte do comércio de bens naturais envolve substâncias que prosperam em ambientes de alta energia. Cana-de-açúcar, café, chá, algodão – mercadorias em demanda nos séculos XVIII e XIX – eram fruto do calor escaldante de climas tropicais e subtropicais; os combustíveis fósseis que agora circulam pelo planeta em petroleiros e oleodutos são simplesmente energia solar captada e armazenada pelas plantas há milhões de anos.

Em 1800, era possível ganhar uma fortuna pegando coisas que só cresciam em ambientes de alta energia e enviando-as para climas de baixa energia. Mas o comércio de gelo – talvez o único exemplo na história do comércio global – reverteu esse padrão. O que tornou o gelo valioso foi precisamente o estado de baixa energia do inverno da Nova Inglaterra, combinado com a peculiar capacidade do gelo de armazenar essa baixa energia por longos períodos de tempo. O dinheiro oriundo das colheitas dos trópicos causou um aumento populacional em climas que podiam ser implacavelmente quentes, o que, por sua vez, criou um mercado para um produto que lhe permitia mitigar o calor. Na longa história do comércio humano, a energia sempre esteve relacionada ao valor: quanto mais calor, mais energia solar, mais você podia crescer. Contudo, num mundo que se inclinava para o calor produtivo das plantações de cana-de-açúcar e algodão, o frio também podia ter seu valor. Essa foi a grande sacada de Tudor.

No inverno de 1846, Henry Thoreau viu cortadores de gelo empregados por Frederic Tudor talharem blocos do lago Walden com um arado puxado a cavalo. Parecia uma cena de Brueghel, homens trabalhando em uma paisagem invernal com ferramentas simples, longe da era industrial que trovejava em outras paragens. Mas Thoreau sabia que o trabalho deles estava ligado a uma rede mais ampla. Em seus diários, ele escreveu um alegre devaneio sobre o alcance global do comércio de gelo:

> Assim, parece que os encalorados habitantes de Charleston e Nova Orleans, de Madras e Bombaim e Calcutá, bebem da minha fonte. ... A água pura do Walden se mistura com a água sagrada do Ganges. Com ventos favoráveis, é levada para além das fabulosas ilhas da Atlântida e as Hespérides, faz o périplo de Hanno e, flutuando ao redor de Ternate e Tidore e na foz do golfo Pérsico, derrete-se nas tempestades tropicais dos mares da Índia e é descarregada em portos dos quais Alexandre apenas ouviu falar.[8]

No mínimo, Thoreau subestimou o alcance dessa rede global – pois o comércio de gelo criado por Tudor foi muito mais que água congelada. Os olhares estupefatos que observaram o primeiro carregamento de gelo de Tudor para a Martinica deram lugar, de uma forma lenta, mas constante, a uma dependência cada vez maior do gelo. Bebidas refrigeradas com gelo tornaram-se artigo essencial na vida nos estados do Sul. (Até hoje, os americanos gostam muito mais de suas bebidas com gelo que os europeus, herança distante da ambição de Tudor.) Em 1850, o sucesso de Tudor inspirou inúmeros imitadores, e mais de 100 mil toneladas de gelo foram enviadas de Boston para o mundo em um só ano. Em 1860, duas em cada três casas de Nova York contavam com entregas diárias de gelo. Um relato da época descreve como o gelo estava firmemente ligado aos rituais da vida diária:

> Em oficinas, gráficas, escritórios de contabilidade, operários, linotipistas, funcionários juntam-se para ter seu fornecimento diário de gelo. Cada escritório, canto ou recanto iluminado por um rosto humano é também refrigerado

> pela presença desse cristal amigo, ... tão bom como o óleo para a roda. Ele envolve todo o mecanismo humano em agradável ação, gira as rodas do comércio e impulsiona o motor do ramo energético.[9]

A dependência de gelo natural tornou-se tão grave que cada década ou cada inverno excepcionalmente quentes provocavam um frenesi nos jornais com especulações sobre a "falta de gelo". Já em 1906, o *New York Times* publicava manchetes alarmantes: "Gelo acima de US$ 0,40 e racionamento à vista." O jornal dava também o contexto histórico: "Em dezesseis anos, Nova York jamais enfrentou uma perspectiva tão grande de falta de gelo como este ano. Em 1890, houve muitos problemas, e todo o país teve de correr atrás de gelo. Desde então, no entanto, as necessidades de gelo têm crescido muito, e uma carência agora é um problema muito mais sério que era então." Em menos de um século, o gelo tinha deixado de ser uma curiosidade para se tornar um luxo e depois uma necessidade.

A refrigeração utilizando gelo alterou o mapa dos Estados Unidos, e em nenhum outro lugar a transformação foi mais acentuada que em Chicago. A explosão inicial de crescimento em Chicago se deu pela ligação de canais e linhas ferroviárias que conectavam a cidade tanto ao golfo do México quanto às cidades da Costa Leste. Sua localização privilegiada como centro de distribuição – por sua natureza e por uma das obras de engenharia mais ambiciosas do século – fazia o trigo fluir das abundantes planícies para os centros populacionais do Nordeste. Mas a carne não podia fazer essa viagem sem estragar. A partir de meados do século, Chicago desenvolveu um grande comércio de carne de porco em conserva, com os primeiros currais de abate de porcos nos arredores da cidade, antes de enviar a mercadoria para o Leste em barris. Mas a carne *in natura* continuou basicamente uma iguaria local.

No entanto, à medida que o século avançava, desenvolveu-se um desequilíbrio de oferta e demanda entre as cidades famintas do Nordeste e o rebanho do Centro-Oeste. A imigração aumentava a população de Nova York e Filadélfia, bem como de outros centros urbanos, nos anos 1840 e 1850, e a oferta de carne local não conseguia atender ao aumento da demanda

Blocos de gelo cortados de um lago flutuam na água,
antes de ser armazenados num depósito, 1950.

das cidades em crescimento. Enquanto isso, a conquista das grandes planícies permitia aos fazendeiros criar grandes manadas de gado sem uma base populacional correspondente de seres humanos para alimentar. Era possível enviar animais vivos de trem para matadouros locais nos estados do Leste, mas o transporte de vacas inteiras era caro, e os animais costumavam ficar desnutridos ou se feriam no trajeto. Quase metade estava intragável no momento em que chegava a Nova York ou Boston.

Foi o gelo que afinal forneceu uma maneira de contornar esse impasse. Em 1868, o magnata da carne de porco, Benjamin Hutchinson, construiu uma nova fábrica de embalagem, apresentando "salas refrigeradas com gelo natural que permitiam embalar a carne de porco durante todo o ano, uma das principais inovações na indústria", de acordo com Donald Miller, em sua história de Chicago no século XIX, *City of the Century*.[10] Este era o início de uma revolução que transformaria não só Chicago, mas toda a paisagem natural na região central dos Estados Unidos. Nos anos após o incêndio de 1871, as salas de refrigeração de Hutchinson inspiraram outros empreendedores a integrar as facilidades do gelo para a embalagem de alimentos. Aos poucos, iniciou-se o transporte de carne para o Leste em vagões ao ar livre, durante o inverno, contando com a temperatura ambiente para manter as carnes refrigeradas.

Em 1878, Gustavus Franklin Swift contratou um engenheiro para construir um avançado carro frigorífico, projetado da estaca zero para transportar carne para a Costa Leste durante todo o ano. O gelo foi armazenado em caixas colocadas acima da carne; nas paradas ao longo da viagem, os funcionários podiam trocar os blocos de gelo de cima por novos blocos, sem perturbar a carne. "Foi essa aplicação da física elementar", escreve Miller, "que transformou o antigo comércio e abate de carne bovina locais em negócio internacional, com carros refrigerados que resultaram naturalmente em navios refrigerados, levando a carne de Chicago para os quatro continentes."[11] O sucesso desse comércio mundial transformou a paisagem natural das planícies dos Estados Unidos de modo ainda hoje visível: as vastas pradarias foram substituídas por confinamentos industriais que, nas palavras de Miller, "criaram um sistema de produção [de alimentos] que foi a mais poderosa

Garotos observam carregadores de gelo
fazendo uma entrega no Harlem, 1936.

força ambiental na transformação da paisagem norte-americana desde que as geleiras da Idade do Gelo começaram sua retirada final".[12]

Os currais de Chicago que surgiram nas últimas duas décadas do século XIX eram, como Upton Sinclair escreveu, "a maior agregação de trabalho e de capital já reunida num só lugar".[13] Quatorze milhões de animais eram abatidos, em média, por ano. De muitas maneiras, o complexo industrial de alimentos, tão desprezado pelos modernos defensores do "*slow food*", começa com os estábulos de Chicago e a rede de transporte refrigerado que se espalhou a partir dos currais de engorda e dos matadouros. Progressistas como Upton Sinclair pintaram Chicago como uma espécie de Inferno de Dante da industrialização, mas, na realidade, a maior parte da tecnologia empregada nos currais teria sido reconhecida por um açougueiro medieval. A forma mais avançada de tecnologia na cadeia inteira era o vagão refrigerado. Theodore Dreiser acertou quando definiu a linha de montagem dos estábulos como "um plano inclinado direto para a morte, a dissecação e o refrigerador".[14]

A história convencional diz que Chicago só se tornou viável graças à invenção da ferrovia e à construção do canal Erie. Mas isso conta apenas parte da história. O crescimento descontrolado de Chicago nunca teria sido possível sem as propriedades químicas peculiares da água, sua capacidade de armazenamento e liberação lenta do frio com um mínimo de intervenção humana. Se, por alguma razão, as propriedades químicas da água líquida fossem diferentes, a vida na Terra também teria uma forma radicalmente diversa (ou, mais provavelmente, nem teria evoluído). Se a água também não tivesse a peculiar aptidão para se congelar, quase certamente a trajetória da América do século XIX teria sido diferente. Você poderia enviar especiarias ao redor do mundo sem as vantagens da refrigeração, mas não poderia enviar carne. O gelo tornou imaginável um novo tipo de distribuição de alimento. Nós pensamos em Chicago como uma cidade de ombros largos, de impérios ferroviários e matadouros. Mas é igualmente verdadeiro dizer que ela foi construída sobre as ligações tetraédricas do hidrogênio.

Se ampliarmos nossas referências e olharmos para o comércio de gelo no contexto da história da tecnologia, há algo intrigante, quase anacrônico, na inovação de Tudor. Afinal, estávamos em meados do século XIX, uma era de fábricas alimentadas a carvão, com estradas de ferro e linhas telegráficas conectando as grandes cidades. O setor de ponta da tecnologia do frio ainda se baseava no corte de pedaços de água congelada de um lago. Os seres humanos vinham fazendo experiências com a tecnologia do calor pelo menos há 100 mil anos, desde o domínio do fogo – talvez a primeira inovação do *Homo sapiens*. Mas a outra extremidade do espectro térmico é muito mais desafiadora. Depois de um século de Revolução Industrial, o frio artificial ainda era uma ficção.

A demanda comercial pelo gelo – todos aqueles milhões de dólares fluindo na direção contrária dos trópicos, para os barões do gelo da Nova Inglaterra – enviou um sinal pelo mundo de que havia dinheiro a ser ganho a partir do frio, o que inevitavelmente levou algumas cabeças inventivas à busca da próxima etapa lógica do frio artificial. Você poderia pensar que o sucesso de Tudor iria inspirar uma nova geração de mercenários empresários-inventores a criar a revolução na refrigeração feita pelo homem. No entanto, por mais que reconheçamos a cultura de empresas tecnológicas no mundo de hoje, nem sempre as inovações essenciais saem do setor privado. Novas ideias nem sempre são motivadas, como as de Tudor, por sonhos de "fortunas tão grandes que nem saberíamos o que fazer com elas". A arte da invenção humana tem mais de uma musa. Enquanto o comércio de gelo começou com o sonho de um jovem em busca de riquezas incalculáveis, a história do frio artificial começou com uma necessidade mais urgente e humanitária: um médico tentando manter vivos seus pacientes.

Essa é uma história que começa com insetos: em Apalachicola, na Flórida, cidade de 10 mil habitantes que vivem ao lado de um pântano, num clima subtropical, ambiente perfeito para a procriação de mosquitos. Em 1842, essa abundância de mosquitos significava, inevitavelmente, risco de malária. No modesto hospital do lugar, um médico chamado John Gorrie sentia-se impotente diante de dezenas de pacientes ardendo em febre.

Desesperado por uma forma de reduzir a temperatura dos pacientes, Gorrie tentou suspender blocos de gelo no teto do hospital. Isso se revelou uma solução eficaz: os blocos de gelo esfriavam o ar; o ar esfriava os pacientes. Com a febre reduzida, alguns pacientes sobreviveram à doença. Mas a sagaz experiência de Gorrie, destinada a combater os efeitos perigosos de climas subtropicais, acabou prejudicada por outro subproduto do ambiente. A umidade tropical que fazia da Flórida um clima tão hospitaleiro para os mosquitos também ajudou a criar outra ameaça: os furacões. Uma série de naufrágios atrasou os embarques de gelo de Tudor, da Nova Inglaterra, deixando Gorrie sem o suprimento habitual.[15]

E assim o jovem médico começou a remoer uma solução mais duradoura para o hospital: fazer seu próprio gelo. Felizmente para Gorrie, por acaso aquele era o momento perfeito para ter essa ideia. Durante milhares de anos, a ideia de produzir frio artificial foi quase impensável para a civilização humana. Nós inventamos a agricultura, as cidades, os aquedutos e a imprensa, mas o frio continuou fora dos limites do possível por todos aqueles anos. De alguma forma, contudo, o frio artificial tornou-se ima-

Dr. John Gorrie

ginável no meio do século XIX. Para usar a maravilhosa frase do teórico da complexidade Stuart Kauffman, o frio tornou-se parte do "possível adjacente" desse período.

Como explicar essa descoberta? Não se trata apenas do caso de um gênio solitário que chega com uma invenção brilhante por ser mais inteligente que os outros. As ideias são fundamentalmente *redes* de outras ideias. Tomamos ferramentas, metáforas, conceitos e compreensão científica do nosso tempo e os recombinamos em algo novo. Mas se você não tem os blocos de construção certos, não vai chegar a uma ruptura, por mais brilhante que seja. A mente mais inteligente do mundo não poderia inventar uma geladeira no meio do século XVII. Ela simplesmente não fazia parte do possível adjacente naquele momento. Mas em 1850 as peças já tinham se juntado.

A primeira coisa que tinha de acontecer parece hoje quase cômica para nós: tivemos de descobrir que o ar era feito de alguma coisa, que não era apenas um espaço vazio entre os objetos. Nos anos 1600, cientistas amadores descobriram um fenômeno bizarro, o vácuo, um ar que na verdade parecia ser composto de nada e que se comportava de forma diferente do ar normal. Chamas podiam ser extintas no vácuo; uma vedação a vácuo era tão forte que duas parelhas de cavalos não conseguiam rompê-la. Em 1659, o cientista inglês Robert Boyle colocou um pássaro numa jarra e sugou o ar com uma bomba de vácuo. O pássaro morreu, como Boyle desconfiava que aconteceria, mas, curiosamente, ele também congelou. Se o vácuo era tão diferente do ar normal a ponto de extinguir a vida, isso significava que devia haver alguma substância invisível que compunha o ar normal. Isso sugeriu que a alteração do volume ou da pressão dos gases podia alterar sua temperatura.

Nosso conhecimento expandiu-se no século XVIII, quando o motor a vapor obrigou os engenheiros a descobrir exatamente como o calor se converte em energia inventando toda uma ciência da termodinâmica. Ferramentas de medição de calor e peso de maior precisão foram desenvolvidas, juntamente com escalas normatizadas, como as dos graus Celsius e Fahrenheit. Como acontece com frequência na história da ciência e das inovações, quando se dá um salto para diante na precisão das medidas, surgem novas possibilidades.

Todos esses blocos de construção circulavam na cabeça de Gorrie, como moléculas de um gás pululando, formando novas conexões. Em seu tempo livre, ele começou a construir uma máquina de refrigeração utilizando a energia de uma bomba para comprimir o ar. A compressão aquecia o ar. A máquina refrigerava o ar comprimido, passando-o pelos canos resfriados com água. Quando o ar é expandido, remove calor do ambiente; e, assim como as ligações tetraédricas do hidrogênio dissolvem-se na água líquida, a extração de calor refrigera o ar circundante. Aquilo podia até ser usado para produzir gelo.

Por incrível que pareça, a máquina de Gorrie funcionou. Não mais dependente do gelo enviado de mil quilômetros de distância, ele reduziu a febre dos pacientes com frio caseiro. Gorrie solicitou uma patente, prevendo corretamente um futuro em que o frio artificial, como escreveu, "poderia servir melhor à humanidade. ... Frutas, legumes e carnes serão preservados em trânsito pelo meu sistema de refrigeração, e assim serão apreciados por todos!".[16]

No entanto, apesar de seu sucesso como inventor, Gorrie não chegou a lugar nenhum como homem de negócios. Graças ao êxito de Tudor, o gelo natural era abundante e barato quando as tempestades não perturbavam o comércio. Para piorar as coisas, Tudor lançou uma campanha de difamação contra Gorrie, alegando que o gelo produzido por sua máquina era infectado de bactérias. Esse foi um caso clássico de indústria dominante sabotando uma nova tecnologia muito mais poderosa, da mesma forma que os primeiros computadores com interfaces gráficas foram definidos por seus rivais como "brinquedos", e não como "máquinas sérias". John Gorrie morreu pobre, sem vender uma só máquina.

Todavia, a ideia do frio artificial não morreu com Gorrie. Depois de milhares de anos de negligência, de repente o mundo se iluminou com as patentes apresentadas para algumas alternativas de refrigeração artificial. De repente a ideia estava em todos os lugares, não porque as pessoas a tivessem roubado de Gorrie, mas porque haviam chegado, de forma independente, à mesma arquitetura básica. Os blocos de construção conceituais encontravam-se finalmente no lugar, e assim a ideia de criar artificialmente o ar frio de súbito estava "no ar".

Essas patentes que percorrem o planeta são exemplo de uma das grandes curiosidades da história da inovação, o que os estudiosos chamam hoje de "invenção múltipla". Invenções e descobertas científicas tendem a vir em grupos, quando um punhado de investigadores geograficamente dispersos tropeça na mesma descoberta de forma independente. Na verdade, o gênio isolado que surge com uma ideia que ninguém poderia sequer sonhar é a exceção, não a regra. A maioria das descobertas torna-se imaginável num momento muito específico da história, e a partir daí várias pessoas começam a pensar nelas. A bateria elétrica, a telegrafia, a máquina a vapor e a biblioteca digital de música foram inventadas de forma independente por vários indivíduos num período de poucos anos. No início dos anos 1920, dois professores da Universidade Columbia analisaram a história das invenções e produziram um maravilhoso ensaio chamado "Are inventions inevitable?". Eles descobriram 148 casos de invenções simultâneas, a maioria ocorrendo na mesma década. Outras centenas foram descobertas desde então.

Com a refrigeração não foi diferente. O conhecimento da termodinâmica e da química básica do ar, combinado com as fortunas iniciadas com o comércio de gelo, tornou o frio artificial maduro para a invenção. Um desses inventores simultâneos foi o engenheiro francês Ferdinand Carré, que projetou, de forma independente, uma máquina de refrigeração que seguia os mesmos princípios básicos utilizados por Gorrie. Ele construiu protótipos da máquina de refrigeração em Paris, mas sua ideia acabaria por triunfar devido a eventos que se desdobraram do outro lado do Atlântico: um tipo diferente de fome de gelo na região Sul dos Estados Unidos. Após a eclosão da Guerra Civil, em 1861, a União bloqueou os estados do Sul a fim de paralisar a economia dos Confederados. A Marinha da União interrompeu o fluxo de gelo de forma mais eficaz que as tempestades que agitavam as águas da corrente do golfo do México. Tendo estabelecido uma dependência econômica e cultural do comércio de gelo, os encalorados estados do Sul viram-se de repente diante da desesperada necessidade de frio artificial.

À medida que a guerra avançava, embarques de mercadorias contrabandeadas conseguiam eventualmente furar o bloqueio durante a noite e aportar em praias ao longo das costas do Atlântico e do golfo. Mas os traficantes não transportavam apenas cargas de pólvora e de armas. Às vezes traziam produtos muito mais inusitados: máquinas de fazer gelo baseadas no projeto de Carré. Esses novos dispositivos utilizavam amoníaco como refrigerante e podiam cuspir 180 quilos de gelo por hora. Máquinas de Carré eram transportadas da França para Geórgia, Louisiana e Texas. Uma rede de inovadores ajustou as máquinas de Carré, melhorando sua eficiência. Abriu-se um punhado de fábricas de gelo, marcando sua estreia no palco principal da industrialização. Em 1870, os estados do Sul produziam mais gelo artificial que qualquer outro lugar do mundo.[17]

Nas décadas que se seguiram à Guerra Civil, a refrigeração artificial eclodiu, e o comércio de gelo natural começou seu lento declínio rumo à obsolescência. A refrigeração tornou-se uma grande indústria, medida não apenas pelo dinheiro que mudava de mãos, mas também pelo tamanho dos engenhos: monstruosas máquinas a vapor pesando centenas de toneladas, mantidas por um exército de engenheiros em tempo integral. Na virada do século XX, Tribeca, em Nova York – bairro que agora abriga alguns dos *lofts* mais caros do mundo –, era essencialmente um refrigerador gigante, blocos inteiros de edifícios sem janelas projetados para resfriar o fluxo interminável de produtos do mercado de alimentos de Washington.

Quase tudo na história do frio do século XIX girava em torno de fazê-lo cada vez maior, mais ambicioso. No entanto, a próxima revolução no frio artificial seguiria em direção oposta. O frio estava prestes a ficar pequeno. Aqueles longos blocos de refrigeradores de Tribeca logo encolheriam para caber em cada cozinha dos Estados Unidos. Ironicamente, porém, essa miniaturização do frio artificial acabaria desencadeando mudanças tão grandes na sociedade humana que se tornaram visíveis até do espaço sideral.

No inverno de 1916, um excêntrico naturalista e empresário se mudou com sua jovem família para as remotas planícies de Labrador. Ele já tinha passado vários invernos ali, sozinho, criando raposas, iniciando uma empresa de peles e, ocasionalmente, transportando animais e fornecendo informações para a U.S. Biological Survey. Cinco semanas após o nascimento do filho, sua esposa e o bebê juntaram-se a ele. Labrador não era, para dizer o mínimo, o lugar ideal para um recém-nascido. O clima era implacável, com temperaturas atingindo regularmente menos 35°, e a região era totalmente desprovida de modernas instalações médicas. A comida também deixava muito a desejar. O clima sombrio em Labrador significava que tudo o que se comia no inverno era congelado ou em conserva; com exceção do peixe, não havia nenhuma fonte de alimentos frescos. Uma refeição típica seria o

Anúncio de geladeira e freezer da General Electric, 1949.

que os moradores locais chamavam de *brewis*: bacalhau salgado com um pão duro como pedra, cozidos e guarnecidos com *scrunchions*, pedaços fritos de gordura de porco salgada. Qualquer carne ou produto que estivesse congelado virava uma papa sem gosto logo que descongelado.[18]

Mas o naturalista era um gourmet aventureiro, fascinado pela culinária de diferentes culturas. (Em seus diários, ele registrou que comia de tudo, de cascavel a gambá.) Por isso, aprendeu a pescar no gelo com alguns dos esquimós locais, abrindo buracos em lagos congelados e lançando uma linha para pescar trutas. Com temperaturas do ar muito abaixo de zero, um peixe retirado do lago congelava em questão de segundos.

Sem querer, o jovem naturalista tinha topado com um poderoso experimento científico ao se sentar para comer com a família em Labrador. Ao descongelarem a truta das expedições de pesca no gelo, eles descobriram que o peixe tinha um sabor muito mais fresco que a comida habitual. A diferença era tão marcante que ele ficou obcecado para descobrir por que as trutas congeladas mantinham o sabor de forma tão eficaz. Assim, Clarence Birdseye iniciou uma investigação que acabaria por estampar seu nome nas embalagens de ervilhas congeladas e varas de pesca em supermercados pelo mundo todo.

Em primeiro lugar, Birdseye concluiu que a truta preservava o frescor simplesmente porque tinha sido pescada há menos tempo. Mas, ao continuar estudando o fenômeno, começou a considerar que havia outro fator em ação. Para começar, trutas pescadas no gelo mantinham o sabor por meses, ao contrário de outros peixes congelados. Birdseye começou experimentando legumes congelados, e descobriu que os produtos congelados em pleno inverno por alguma razão tinham sabor melhor que os congelados no final do outono ou no início da primavera. Ele analisou a comida com um microscópio e notou uma diferença marcante nos cristais de gelo formados durante o processo de congelamento: o produto congelado que perdia seu sabor tinha cristais significativamente maiores, que pareciam quebrar a estrutura molecular do próprio alimento.

Afinal Birdseye encontrou uma explicação coerente para a radical diferença de sabor: tudo tinha a ver com a velocidade do processo de congelamento. Um congelamento lento permitia que as ligações de hidrogênio do gelo formassem configurações cristalinas maiores. Mas um congelamento que acontece em segundos – "congelamento-relâmpago", como chamamos hoje – gerava cristais muito menores, que causavam menos danos ao alimento. Os pescadores esquimós não tinham pensado nisso em termos de cristais e moléculas, mas já vinham saboreando os benefícios do congelamento-relâmpago há séculos, puxando peixes vivos da água para entrar em choque com o ar frio.

À medida que continuava suas experiências, uma ideia começou a se formar na cabeça de Birdseye: com a refrigeração artificial cada vez mais comum, o mercado de alimentos congelados poderia ser imenso, se o problema da qualidade fosse resolvido. Assim, como Tudor fizera antes,

Clarence Birdseye em Labrador, Canadá, 1912.

Birdseye começou a tomar notas sobre suas experiências com o frio. E, como Tudor, continuou a pensar na ideia por uma década antes que ela se transformasse em alguma coisa comercialmente viável. Não foi uma epifania repentina ou um lampejo momentâneo, mas algo muito mais lento, uma ideia que toma forma, passo a passo, ao longo do tempo. Foi o que gosto de chamar de "palpite lento" – o contrário do "lampejo instantâneo", uma ideia que vai entrando em foco ao longo de décadas, não em segundos.

A primeira inspiração para Birdseye tinha sido o auge do frescor: a truta puxada de um lago congelado. Mas a segunda seria exatamente o oposto: o casco de um navio de pesca comercial cheio de bacalhau apodrecendo. Depois da aventura em Labrador, Birdseye voltou para casa em Nova York e trabalhou com a Associação de Pesca, onde viu em primeira mão as péssimas condições que caracterizavam a empresa de pesca comercial. Birdseye escreveria mais tarde:

> A ineficiência e a falta de saneamento na distribuição de peixe fresco me deixaram tão enojado que me empenhei em desenvolver um método que permitisse a remoção de resíduos não comestíveis de alimentos perecíveis nos pontos de produção, embalando-os em recipientes compactos e convenientes e distribuindo-os para as donas de casa com o seu frescor intrínseco intacto.[19]

Nas primeiras décadas do século XX, o negócio de comida congelada ainda era visto como o fundo do poço. Você podia comprar peixe congelado ou congelar você mesmo, mas ele era considerado intragável. (Na verdade, a comida congelada era tão terrível que foi banida das prisões do estado de Nova York por estar abaixo dos padrões culinários dos presidiários.) Um dos principais problemas era que a comida era congelada a temperaturas relativamente elevadas, muitas vezes a poucos graus abaixo do ponto de congelamento. No entanto, os avanços científicos ao longo das décadas anteriores tornaram possível produzir artificialmente temperaturas iguais às de Labrador.

No início da década de 1920, Birdseye tinha desenvolvido um processo de congelamento rápido utilizando caixas empilhadas de peixe congelado a menos 40°. Inspirado pelo novo Modelo T, da fábrica de Henry Ford, ele criou um "congelador de correia dupla", que acompanhava o processo de congelamento ao longo de uma linha de produção mais eficaz. Utilizando essas novas técnicas de produção, ele abriu uma empresa chamada General

Clarence Birdseye faz experiências com cenouras picadas para determinar os efeitos de várias velocidades de agitação e velocidades do ar no alimento.

Seafood. Birdseye descobriu que quase tudo que congelava com esse método – frutas, carnes, legumes – se mantinha extremamente fresco depois do descongelamento.

Levou mais de uma década para os alimentos congelados se tornarem um dos principais produtos da dieta americana. (Isso exigiu uma massa crítica de freezers, em supermercados e nas cozinhas das casas, só plenamente atendida nos anos do pós-guerra.) Mas as experiências de Birdseye foram tão promissoras que em 1929, poucos meses antes do crash da bolsa de valores, a General Seafood foi adquirida pela Postum Cereal Company, que imediatamente mudou o nome para General Foods. As aventuras de Birdseye com a pesca no gelo o tornaram multimilionário. Seu nome permanece nas embalagens de filés de peixe congelados até hoje.

Trabalhador de macacão examina caixas de ervilhas congeladas transportadas numa esteira, entre 1922 e 1950.

A inovação dos alimentos congelados de Birdseye tomou forma como lenta intuição, mas também surgiu como uma espécie de colisão entre vários e diferentes espaços geográficos e intelectuais. Para imaginar um mundo de alimentos congelados, Birdseye precisou vivenciar os desafios de alimentar a família no clima ártico, em meio a um frio brutal; precisou passar um tempo com os pescadores esquimós; precisou inspecionar os contêineres imundos dos pesqueiros de bacalhau nos portos de Nova York; precisou do conhecimento científico de como produzir temperaturas muito abaixo de zero; precisou do conhecimento industrial de como construir uma linha de produção. Como toda grande ideia, a inovação de Birdseye não foi um simples insight, mas uma *rede* de outras ideias, entrelaçadas em nova configuração. O que tornou a ideia de Birdseye tão poderosa não foi apenas seu gênio individual, mas a diversidade de lugares e formas de conhecimento que conseguiu reunir.

Em nossa era de produção de alimentos artesanais com recursos locais, as refeições prontas congeladas, servidas em bandejas, surgidas nas décadas seguintes à descoberta de Birdseye caíram em desuso. Mas, em sua encarnação original, os alimentos congelados tiveram impacto positivo sobre a saúde, melhorando a qualidade nutritiva da dieta dos americanos. A comida congelada ampliou o raio de distribuição de alimentos, tanto em termos de tempo quanto de espaço. Produtos colhidos no verão podiam ser consumidos meses mais tarde; peixes pescados no Atlântico Norte podiam ser consumidos em Denver ou Dallas. Era melhor comer ervilhas congeladas em janeiro que esperar cinco meses pelo produto fresco.

NA DÉCADA DE 1950, os americanos tinham adotado um estilo de vida profundamente moldado pelo frio artificial, comprando comida congelada nos corredores refrigerados do supermercado local e empilhando-a no congelador de suas novas geladeiras, que representavam o que havia de mais recente em tecnologia de fabricação de gelo. Nos bastidores, toda a economia do frio era sustentada por uma vasta frota de caminhões refrigerados que transportavam as ervilhas congeladas Birds Eye (e suas inúmeras imitações) por todo o país.

Nessa icônica família americana dos anos 1950, o mais novo aparelho produtor de frio não estava armazenando filés de peixe para o jantar nem fazendo gelo para os martínis. Estava resfriando (e desumidificando) a casa inteira. O primeiro "aparelho para o tratamento de ar" foi sonhado por um jovem engenheiro chamado Willis Carrier, em 1902. A história da invenção de Carrier é um clássico nos anais das descobertas por acaso. Engenheiro de 25 anos, Carrier foi contratado por uma empresa de impressão no Brooklyn para elaborar um esquema que os ajudasse a manter a tinta sem manchas nos meses úmidos do verão. A invenção de Carrier não apenas removeu a umidade da sala de impressão, como também refrigerou o ar. Ele notou que, de repente, todo mundo queria almoçar ao lado das prensas, e assim começou a projetar engenhocas que seriam construídas

Laboratório experimental da Carrier Corporation testa seu novo aparelho de ar-condicionado central de US$ 700, com capacidade para seis cômodos, que difunde o ar até o nível do chão; a névoa produzida na sala, chegando à altura de três metros, torna visível o ar mais frio, 1945.

para regular a temperatura e a umidade nos espaços internos. Em alguns anos, Carrier havia formado uma empresa – ainda hoje um dos maiores fabricantes de ar-condicionado no mundo – que se concentrou nos usos industriais da tecnologia. Mas ele estava convencido de que o ar-condicionado devia também pertencer às massas.

O primeiro grande teste aconteceu no fim de semana do Memorial Day de 1925, quando Carrier estreou um sistema experimental de ar-condicionado no cinema Rivoli, o novo carro-chefe da Paramount Pictures.[20] Teatros eram lugares opressivos para se frequentar durante os meses de verão. (Aliás, inúmeras casas de espetáculos de Manhattan experimentaram a refrigeração à base de gelo durante o século XIX, com resultados previsivelmente úmidos). Antes do ar-condicionado, a ideia de um sucesso

Sistema de ar-condicionado na empresa de impressão Sackett & Wilhelms.

de bilheteria no verão teria parecido absurda. O último lugar em que você gostaria de estar num dia quente era uma sala lotada com milhares de outros corpos suados. E foi assim que Carrier convenceu Adolph Zukor, o lendário chefe da Paramount, de que ele ganharia dinheiro investindo em ar-condicionado central para seus cinemas.

O próprio Zukor compareceu ao teste do fim de semana do Memorial Day, acomodado discretamente numa das cadeiras do balcão. Carrier e sua equipe tiveram algumas dificuldades técnicas para levantar o aparelho e colocá-lo em funcionamento. Antes de o filme começar, a sala estava repleta de fãs se abanando furiosamente com as mãos. Mais tarde, Carrier relatou a cena em suas memórias:

> Demora algum tempo para baixar a temperatura de um teatro que se enche depressa de gente num dia de calor, mais ainda com a casa lotada. De forma gradual, quase imperceptível, os leques foram pousados no colo quando o efeito do ar-condicionado tornou-se evidente. Somente alguns calorentos crônicos persistiram, mas logo também pararam de se abanar. ... Depois fomos para o saguão e esperamos o sr. Zukor descer. Quando nos viu, não esperou que pedíssemos sua opinião. Disse, laconicamente: "Sim, as pessoas vão gostar disso."[21]

Entre 1925 e 1950, a maioria dos americanos usufruía o ar-condicionado apenas em grandes espaços comerciais como cinemas, lojas de departamentos, hotéis ou edifícios de escritórios. Carrier sabia que o ar-condicionado estava se encaminhando para a esfera doméstica, mas as máquinas eram muito grandes e caras para uma casa de classe média. A Carrier Corporation ofereceu um vislumbre desse futuro como atração na Feira Mundial de 1939, "O Iglu do Amanhã". Em uma bizarra estrutura que parecia um sorvete de baunilha de cinco andares, Carrier apresentou as maravilhas do ar-condicionado doméstico, acompanhadas por um esquadrão de "coelhinhas da neve".

Mas a visão de Carrier sobre a refrigeração doméstica seria adiada pela eclosão da Segunda Guerra Mundial. Somente nos anos 1940, depois de quase cinquenta anos de experimentação, o ar-condicionado afinal chegou às fachadas das casas, com o lançamento, no mercado, das primeiras unidades encaixáveis nas janelas. Em meia década, os americanos já instalavam mais de 1 milhão de unidades por ano. Quando refletimos sobre a miniaturização do século XX, nossos pensamentos naturalmente gravitam em torno do transistor ou do microchip, mas o marco do encolhimento do ar-condicionado também merece seu lugar nos anais da inovação: uma máquina que chegou a ser maior que uma cabine de caminhão e diminuiu até poder ser instalada numa janela.

Essa redução logo desencadeou uma extraordinária cadeia de eventos, comparando-se em muitos aspectos ao impacto do automóvel no estabelecimento de padrões nos Estados Unidos. Lugares intoleravelmente quentes e úmidos – inclusive algumas das cidades onde Frederic Tudor tinha suado no verão quando jovem – de repente se tornaram suportáveis para uma fatia muito maior do público em geral. Por volta de

Irvin Theatre, anos 1920

1964, o fluxo histórico de pessoas do Sul para o Norte, que caracterizou a era pós-Guerra Civil, tinha sido revertido. A região Sul expandiu-se, com novos imigrantes vindos dos estados mais frios, que conseguiam tolerar a umidade tropical ou o calor dos climas desérticos graças ao ar-condicionado doméstico. Tucson disparou de 45 mil habitantes para 210 mil em apenas dez anos; Houston cresceu de 600 mil para 940 mil na mesma década.

Na década de 1920, quando Willis Carrier fez sua primeira demonstração do ar-condicionado para Adolph Zukor no Teatro Rivoli, a população da Flórida era inferior a 1 milhão. Meio século depois, o estado caminhava para se tornar um dos quatro mais populosos do país, com 10 milhões de pessoas se abrigando em casas com ar-condicionado nos meses úmidos de verão. A invenção de Carrier circulou mais que apenas moléculas de oxigênio e água. Acabou circulando *pessoas* também.

Grandes mudanças na demografia têm inevitáveis efeitos políticos. A migração para a região Sul mudou o mapa político dos Estados Unidos. De reduto democrata, o Sul foi cercado pela afluência maciça de aposentados, mais conservadores em sua concepção política. Como demonstra o historiador Nelson W. Polsby em *How Congress Evolves*, os republicanos do Norte que se mudaram para o Sul na era pós-ar-condicionado contribuíram tanto para desmontar a base democrata do Sul como a rebelião contra o movimento dos direitos civis. No Congresso, isso teve o paradoxal efeito de desencadear uma onda de reformas liberais, com os democratas do Congresso não mais divididos entre os conservadores sulistas e os progressistas no Norte.

Mas é possível que o ar-condicionado tenha gerado o impacto mais significativo sobre a política presidencial. O inchaço populacional na Flórida, no Texas e na Califórnia do Sul mudou o colégio eleitoral para o Cinturão do Sol, com os estados de clima quente ganhando 29 votos no colégio eleitoral entre 1940 e 1980, enquanto os estados mais frios do Nordeste e do Cinturão Industrial perderam 31.[22] Na primeira metade do século XX, apenas dois presidentes ou vice-presidentes vieram do Cinturão do Sol. A partir de 1952, no entanto, todas as candidaturas presidenciais vencedoras

O "Iglu do Amanhã". O dr. Willis H. Carrier segura um termômetro dentro de um iglu de exibição, na demonstração do ar-condicionado na Feira Mundial de St. Louis. O interior do iglu permaneceu com uma temperatura controlada constante de 20°.

contaram com um candidato do Cinturão do Sol, até Barack Obama e Joe Biden romperem essa linhagem, em 2008.

Essa é a história de zoom longo: quase um século depois de Willis Carrier começar a pensar sobre como evitar as manchas da tinta no Brooklyn, nossa capacidade de manipular pequenas moléculas de ar e umidade ajudou a transformar a geografia da política americana. Mas a expansão do Cinturão do Sol nos Estados Unidos foi apenas um ensaio geral para o que acontece agora em escala planetária. Em todo o mundo, as megacidades que mais crescem estão sobretudo em climas tropicais: Chennai, Bangkok, Manila, Jacarta, Karachi, Lagos, Dubai, Rio de Janeiro. Os demógrafos preveem que essas cidades quentes terão mais de 1 bilhão de novos habitantes até 2025.

É desnecessário dizer que muitos desses novos imigrantes não têm ar-condicionado em suas casas, pelo menos ainda não, e é uma questão em aberto se essas cidades serão sustentáveis a longo prazo, em particular as situadas em climas desérticos. Mas a capacidade de controlar a temperatura e a umidade em prédios de escritórios, lojas e casas mais abastadas permitiu que esses centros urbanos atraíssem uma base econômica que os catapultou até o status de megalópoles. Não por acaso as maiores cidades do mundo até a segunda metade do século XX – Londres, Paris, Nova York, Tóquio – estavam situadas quase exclusivamente em climas temperados. O que estamos vendo talvez seja a maior migração em massa da história da humanidade, a primeira a ser acionada por um aparelho doméstico.

Os SONHADORES E INVENTORES que anunciaram a revolução do frio não tiveram momentos eureca, e suas brilhantes ideias não transformaram o mundo de imediato. Em quase todos os casos, eles tiveram palpites, mas foram tenazes o suficiente para manter esses palpites vivos durante anos, e mesmo décadas, até que as peças se juntassem. Hoje, algumas dessas inovações podem nos parecer triviais. Toda essa criatividade coletiva concentrada, década após década, só para tornar o mundo seguro para se comer uma refeição congelada diante da TV?

O universo congelado que Tudor e Birdseye ajudaram a criar faria mais que apenas preencher o mundo com varas de pescar. Iria também povoar o mundo com *pessoas*, graças ao congelamento instantâneo e a criopreservação de sêmen humano, óvulos e embriões. Milhões de seres humanos em todo o mundo devem sua existência às tecnologias do frio artificial.[23] Hoje, novas técnicas de criopreservação de ovócitos permitem às mulheres armazenar óvulos saudáveis nos anos de juventude, em muitos casos estendendo sua fertilidade até os 45 anos. Assim, grande parte da nova liberdade na forma como temos filhos agora – de casais de lésbicas a mães solteiras que usam bancos de esperma para conceber até mulheres que ficam duas décadas no mercado de trabalho antes de pensar em ter filhos – não teria sido possível sem a invenção do congelamento rápido.

Quando pensamos em ideias inovadoras, tendemos a nos restringir à escala da invenção original. Quando descobrimos uma maneira de fazer frio artificial, achamos que isso só tornaria nossos quartos mais agradáveis, que dormiríamos melhor nas noites quentes, ou que teríamos fontes confiáveis de cubos de gelo para os nossos refrigerantes. Esse é o aspecto mais fácil de entender. No entanto, se contarmos a história do frio somente sob essa ótica, vamos perder seu escopo épico.

Apenas dois séculos depois de Frederic Tudor começar a pensar sobre o transporte de gelo para Savannah, nosso domínio do frio está ajudando a reorganizar os padrões de assentamento em todo o planeta e a trazer milhões de novos bebês ao mundo. À primeira vista, o gelo parece um avanço trivial, um item de luxo, não uma necessidade. Contudo, ao longo dos dois últimos séculos, seu impacto tem sido impressionante, se analisado de uma perspectiva de zoom longo: da transformação da paisagem das grandes planícies americanas às novas vidas e estilos de vida resultantes de embriões congelados, até chegarmos às grandes cidades que florescem no deserto.

3. Som

Cerca de 1 milhão de anos atrás, os mares retiraram-se da bacia que hoje circunda Paris, deixando um anel de depósitos calcários que outrora haviam sido recifes de coral ativos. Com o tempo, o rio Cure, na Borgonha, escavou lentamente um caminho através de alguns desses blocos de calcário, criando uma rede de cavernas e túneis enfeitados de estalactites e estalagmites formadas pela água da chuva e pelo dióxido de carbono. Descobertas arqueológicas sugerem que os neandertalenses e os primeiros homens modernos usaram as cavernas para abrigo e cerimônia por dezenas de milhares de anos. No início de 1990, uma imensa coleção de antigas pinturas foi descoberta nas paredes do complexo de cavernas em Arcy-sur-Cure: mais de uma centena de imagens de bisões, mamutes, aves, peixes e até (e mais assustadora) a marca da mão de uma criança. A datação radiométrica determinou que as imagens tinham 30 mil anos. Acredita-se que somente as pinturas em Chauvet, no sul da França, são mais antigas que essas.

Por razões compreensíveis, pinturas rupestres costumam ser citadas como evidência de um desejo primordial de representar o mundo em imagens. Eras antes da invenção do cinema, nossos antepassados colecionavam e admiravam imagens tremeluzentes nas paredes de cavernas iluminadas pelo fogo. No entanto, nos últimos anos, uma nova teoria surgiu sobre o ritual primitivo das cavernas da Borgonha, centrada não apenas nas passagens subterrâneas, mas também nos *sons*.

Alguns anos depois de as pinturas em Arcy-sur-Cure serem descobertas, um etnomusicólogo da Universidade de Paris chamado Iegor Reznikoff começou a estudar as grutas da mesma forma que um morcego o faria, ouvindo ecos e reverberações criados em diferentes partes do complexo. Há muito tempo era evidente que as imagens neandertalenses tinham sido agrupadas em partes específicas da caverna, algumas mais ornamentadas e densas apareciam a mais de um quilômetro de profundidade. Reznikoff concluiu que as pinturas foram colocadas, de modo coerente, nas partes acusticamente mais interessantes das cavernas, nos locais onde a reverberação era mais profunda. Se você gritar diante das imagens dos animais do período Paleolítico na extremidade das cavernas de Arcy-sur-Cure, vai ouvir sete ecos distintos de sua voz. Do ponto de vista acústico, a reverberação leva quase cinco segundos para cessar após suas cordas vocais pararem de vibrar. O efeito não é diferente da famosa técnica da "parede de som" usada por Phil Spector nas gravações de 1960, que ele produziu para artistas como The Ronettes, Ike e Tina Turner. No sistema de Spector, afunilou-se o som gravado por um porão repleto de alto-falantes e microfones, criando um enorme eco artificial. Em Arcy-sur-Cure, o efeito é cortesia do ambiente natural da própria caverna.

A teoria de Reznikoff é que as comunidades neandertalenses se reuniam ao lado das imagens que pintavam e entoavam algum tipo de ritual xamanístico usando as reverberações da caverna para prolongar magicamente o som de suas vozes.[1] (Reznikoff também descobriu pequenos pontos vermelhos pintados em outras partes ricas em sons da caverna.) Nossos antepassados não podiam gravar os sons que ouviam da mesma forma como registraram sua experiência visual do mundo em pinturas. Mas se Reznikoff estiver correto, os primeiros seres humanos estavam ensaiando uma forma primitiva de engenharia do som, amplificando e reforçando o mais inebriante dos sons: a voz humana.

Com o tempo, a motivação de amplificar – e, em última análise, reproduzir – a voz humana abriu caminho para uma série de avanços sociais e tecnológicos nas comunicações, na computação, na política e nas artes. Nós aceitamos prontamente a ideia de que a ciência e a tecnologia têm melhorado a nossa visão de forma notável, dos óculos aos telescópios Keck. Mas nossas cordas vocais, vibrando no discurso e na música, também foram intensamente valorizadas por significados artificiais. Nossas vozes ficaram mais altas; começaram a viajar por fios depositados no fundo do oceano; escaparam dos limites da Terra e começaram a repercutir em satélites. As revoluções essenciais na visão em grande parte desenvolveram-se entre o Renascimento e o Iluminismo: óculos, microscópios, telescópios; para ver com mais clareza, ver mais longe, ver mais de perto. As tecnologias da voz só chegaram com força total no final do século XIX. Quando chegaram, mudaram quase tudo. Mas não começaram com a amplificação. O primeiro grande avanço na nossa obsessão pela voz humana chegou com o simples ato de escrevê-la.

Milhares de anos depois daqueles cantores neandertalenses reunidos nas seções reverberantes das cavernas da Borgonha, a ideia da gravação de som era tão fantasiosa quanto um conto de fadas. Sim, ao longo desse período nós aprimoramos a arte de projetar espaços acústicos para amplificar vozes e instrumentos. O desenho das catedrais da Idade Média, afinal, coadunava-se tanto à engenharia do som quanto a épicas experiências visuais. No entanto, ninguém se preocupou em imaginar como captar o som diretamente. O som era etéreo, não tangível. O melhor que se podia fazer era imitar o som com a própria voz e os instrumentos.

O sonho de gravar a voz humana só se apresentaria como possibilidade viável depois de duas descobertas fundamentais, uma da física, outra da anatomia. Mais ou menos a partir de 1500, os cientistas começaram a trabalhar com o pressuposto de que o som viajava através do ar em ondas invisíveis. (Pouco tempo depois eles descobriram que essas ondas viajavam quatro vezes mais depressa na água, fato curioso, mas que não seria útil por outros quatro séculos.) No Iluminismo, livros detalhados de anatomia tinham mapeado a estrutura básica do ouvido humano, documentando a maneira como as ondas sonoras eram transmitidas através do canal auditivo, provocando vibrações no tímpano. Nos anos 1850, um gráfico parisiense chamado Édouard-Léon Scott de Martinville topou com um desses livros de anatomia, que despertou nele o interesse pelo hobby da biologia e da física do som.

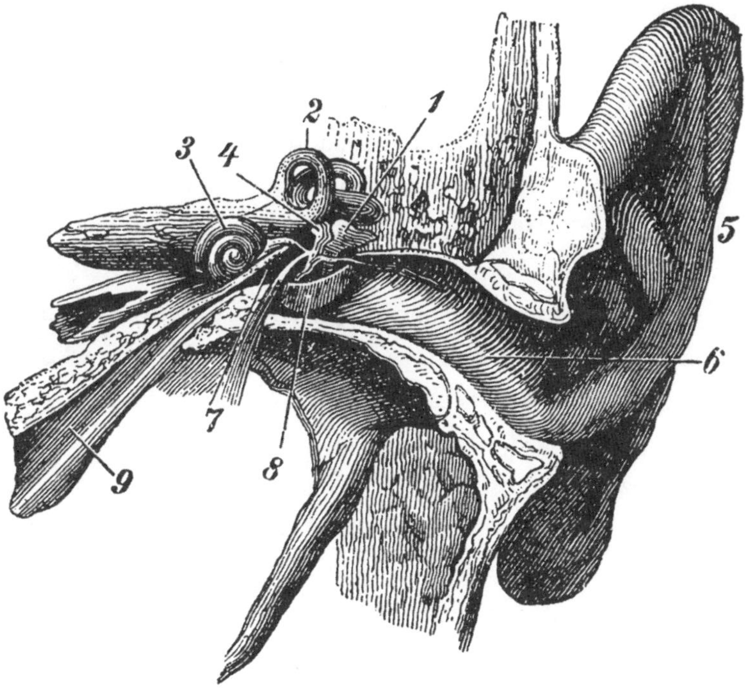

O ouvido humano

Scott também estudou taquigrafia e já tinha publicado um livro sobre a história da estenografia alguns anos antes de começar a pensar sobre o som. Na época, a estenografia era a forma mais avançada de tecnologia de gravação de voz; nenhum sistema podia captar a palavra falada com a precisão e a velocidade de um estenógrafo treinado. Mas, ao observar aquelas detalhadas ilustrações do ouvido interno, um novo conceito começou a tomar forma no pensamento de Scott: talvez o processo de transcrição da voz humana pudesse ser automatizado. No lugar de um ser humano escrevendo as palavras, uma máquina poderia gravar as ondas sonoras.

Em março de 1857, duas décadas antes de Thomas Edison inventar o fonógrafo, o instituto de patentes da França concedeu a Scott a patente para uma máquina que gravava o som. A geringonça canalizava ondas sonoras através de um dispositivo semelhante a uma cornucópia que terminava com uma membrana de pergaminho. As ondas sonoras provocavam no pergaminho vibrações que eram transmitidas para uma agulha feita com cerda de porco. A agulha gravava as ondas em uma página escurecida com fuligem de carvão. Ele chamou sua invenção de "fonoautógrafo", a autoescrita do som.

Nunca nos anais da invenção aconteceu uma combinação tão curiosa de presbiopia e miopia como na história do fonoautógrafo.[2] Por um lado, Scott conseguiu fazer uma súbita transição de um conceito crucial – que as ondas sonoras podiam ser retiradas do ar e registradas num instrumento de gravação – mais de uma década antes que outros inventores e cientistas se dedicassem ao tema. (Quando você está duas décadas adiante de Edison, pode ter certeza de que está indo muito bem.) No entanto, a invenção de Scott foi paralisada por uma fundamental – e até mesmo cômica – limitação. Ele inventou o primeiro dispositivo de gravação de som na história. Esqueceu, contudo, de incluir a *reprodução.*

Na verdade, "esqueceu" é uma palavra muito forte. Parece óbvio para nós, agora, que um dispositivo de gravação de som também deve incluir um recurso que permita *ouvir* a gravação. Inventar o fonoautógrafo sem incluir a reprodução parece inventar o automóvel e esquecer de incluir a parte em que as rodas giram. Mas isso porque estamos julgando o trabalho de Scott do outro lado da divisa. A ideia de que uma máquina pudesse transmitir ondas sonoras originadas em outro local não era uma coisa intuitiva. Só quando Alexander Graham Bell começou a reproduzir ondas de som no terminal do telefone é que a reprodução tornou-se um avanço óbvio. Em certo sentido, Scott teve de olhar em torno de dois pontos cegos significativos: a ideia de que o som podia ser registrado *e* que essas gravações podiam ser reconvertidas em ondas sonoras. Ele conseguiu compreender o primeiro passo, mas não chegou ao segundo. Não tanto por ter esquecido ou falhado em fazer a reprodução funcionar, mas porque a ideia não lhe ocorrera.

Se a reprodução nunca fez parte dos planos de Scott, é justo perguntar por que exatamente ele quis construir o fonoautógrafo. Para que serve um gravador que não reproduz gravações? Aqui nos confrontamos com uma

Édouard-Léon Scott de Martinville,
escritor francês e inventor do fonoautógrafo.

faca de dois gumes: confiar em metáforas dominantes ou tomar emprestadas ideias de outros campos e aplicá-las em novo contexto. Scott teve a ideia da gravação de áudio inspirado numa metáfora da estenografia: transcrever ondas, em vez de palavras. Essa estruturação metafórica permitiu que ele desse o primeiro passo anos antes de seus pares, mas também pode tê-lo impedido de realizar o segundo. Quando palavras são convertidas em código de taquigrafia, a informação captada é decodificada por um leitor que compreende o código. Scott achou que o mesmo aconteceria com o fonoautógrafo. O dispositivo gravaria ondas sonoras na fuligem, cada traço do estilete correspondendo a um fonema emitido pela voz humana. As pessoas aprenderiam a "ler" esses rabiscos do mesmo jeito que tinham aprendido a ler os rabiscos da taquigrafia. Em certo sentido, Scott não

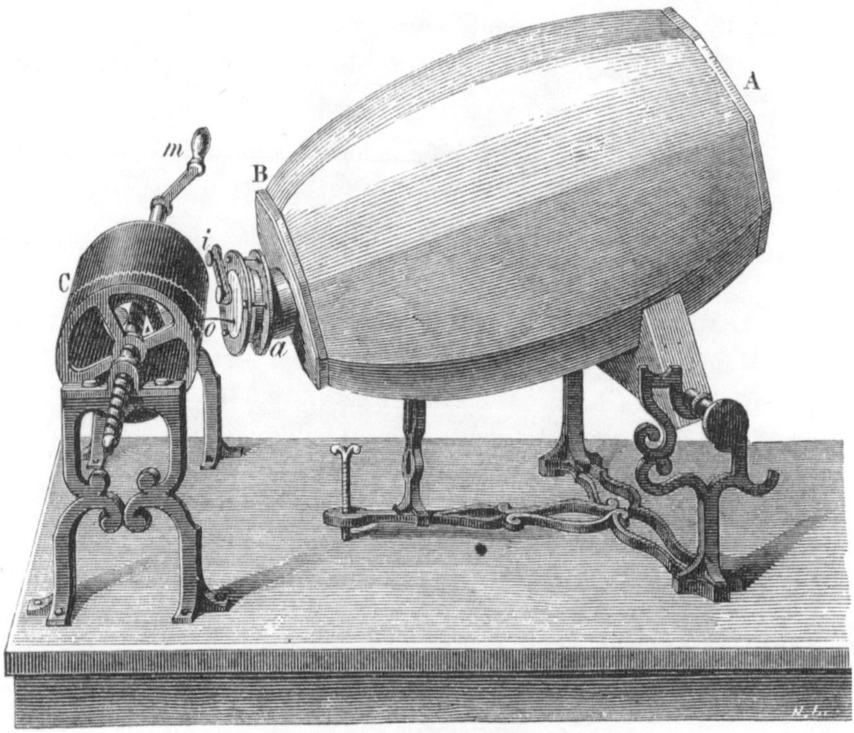

Fonoautógrafo, cerca de 1857.

tentava de fato inventar um dispositivo de gravação de áudio. Ele buscava inventar o mais perfeito serviço de transcrição, só que teríamos de aprender toda uma nova linguagem para lê-la.

Não era uma ideia louca, quando vista em perspectiva. Os seres humanos já tinham provado que eram muito bons em aprender a reconhecer padrões visuais. Internalizamos nosso alfabeto tão bem que nem sequer precisamos pensar na leitura depois que aprendemos a ler. Por que as ondas sonoras seriam diferentes quando estivessem dispostas numa página?

Infelizmente, o kit neural de ferramentas dos seres humanos não parece incluir a capacidade de ler ondas sonoras com os olhos. Cento e cinquenta anos se passaram desde a invenção de Scott, e hoje dominamos a arte e a ciência do som num grau que o teria deixado atônito. Contudo, nenhum de nós aprendeu a analisar visualmente as palavras faladas embutidas nas ondas sonoras impressas. Aquela foi uma aposta brilhante, mas se revelou perdedora. Já que íamos decodificar o áudio gravado, precisávamos reconvertê-lo em som para decodificá-lo via tímpano, e não pela retina.

Podemos não saber ler formas sonoras, mas também não somos tão indolentes. Durante o século e meio que se seguiu à invenção de Scott, conseguimos inventar uma máquina que podia "ler" a imagem visual de uma forma de onda e convertê-la de novo em som: os computadores. Apenas alguns anos atrás, uma equipe de historiadores do som formada por David Giovannoni, Patrick Feaster, Meagan Hennessey e Richard Martin descobriu um baú de fonoautógrafos de Scott na Academia de Ciências de Paris, inclusive um exemplar fabricado em abril de 1860, admiravelmente preservado.[3] Giovannoni e seus colegas examinaram as linhas fracas e irregulares rabiscadas na fuligem quando Lincoln ainda estava vivo. Eles converteram a imagem numa forma de onda digital e reproduziram-na pelos alto-falantes de um computador.

Primeiro eles acharam que estavam ouvindo uma voz de mulher cantando a folclórica canção francesa "Au clair de la lune"; depois perceberam que estavam tocando o áudio em velocidade dupla. Quando baixaram para o ritmo certo, a voz de um homem surgiu entre estalidos e chiados. Era Édouard-Léon Scott de Martinville ecoando do túmulo.

De modo compreensível, a gravação não era da mais alta qualidade, mesmo tocada na velocidade correta. Durante a maior parte do tempo, o ruído aleatório do aparelho de gravação abafava a voz de Scott. Mas mesmo esse aparente fracasso ressalta a importância histórica da gravação. Os estranhos assobios e a deterioração dos sinais de áudio se tornariam comuns para os ouvidos do século XX. Todavia, esses não são os sons que ocorrem na natureza. As ondas sonoras se abafam, ecoam e se condensam em ambientes naturais, porém não se decompõem nos caóticos ruídos mecânicos. O som da estática é um som moderno. Scott captou-o pela primeira vez, mesmo que ele tenha levado um século e meio para ser ouvido.

O ponto cego de Scott não ficaria completamente sem saída. Quinze anos depois de sua patente, outro inventor começava a fazer experiências com o fonoautógrafo, modificando o projeto original de Scott e incluindo a orelha real de um cadáver, a fim de compreender melhor a acústica. Com essa nova configuração, ele chegou a um método de captar *e* transmitir o som. O nome desse homem era Alexander Graham Bell.[4]

Por algum motivo, a tecnologia do som parece induzir um estranho tipo de surdez entre seus pioneiros mais avançados. Quando surge uma nova ferramenta para compartilhar ou transmitir o som de outra maneira, seu inventor tem dificuldades para imaginar como a ferramenta pode ser utilizada. Quando completou o projeto original de Scott e inventou o fonógrafo, em 1877, Thomas Edison imaginou que o dispositivo seria usado para enviar cartas faladas pelo sistema postal. Os indivíduos iriam gravar suas missivas nos rolos de cera do fonógrafo e postá-los no correio para serem reproduzidos dias depois. Ao inventar o telefone, Bell cometeu um erro de inversão de imagem: ele imaginou que um dos principais usos para o telefone seria o de transmitir música ao vivo. Uma orquestra ou cantor se postaria numa das extremidades da linha, enquanto os ouvintes apreciariam o som saindo do telefone do outro lado. Assim, esses dois inventores lendários entenderam tudo ao contrário. As pessoas acabaram usando o fonógrafo para ouvir música e o telefone para se comunicar com os amigos.

Como forma de mídia, o telefone se assemelhava mais às redes de pessoa a pessoa do serviço postal. Na era da mídia de massa que viria a seguir, novas plataformas de comunicação iriam naturalmente se inclinar em direção ao modelo dos criadores da grande mídia para uma audiência passiva de consumidores. O sistema de telefonia seria um modelo para comunicações mais íntimas – de um para um, e não de um para muitos –, até o advento do e-mail, cem anos depois. As consequências do telefone foram imensas e variadas. Ligações internacionais tornaram o mundo menor e mais próximo, embora as linhas de conexão continuassem tênues até pouco tempo atrás.

A primeira linha transatlântica que permitiu que cidadãos comuns realizassem chamadas entre os Estados Unidos e a Europa só foi lançada em 1956. Na primeira configuração, o sistema permitia 24 chamadas simul-

Laboratório do inventor Alexander Graham Bell, onde ele fez experiências com a transmissão do som por eletricidade, 1886.

tâneas. Esse era o total da largura de banda para uma conversa de voz entre os dois continentes até cinquenta anos atrás – entre centenas de milhões de vozes, apenas duas dúzias de conversas de cada vez. Curiosamente, o telefone mais famoso do mundo – o "telefone vermelho", que mantinha uma linha direta entre a Casa Branca e o Kremlin – não era um telefone em sua concepção original. Criado após o fiasco das comunicações que quase nos levou a uma guerra nuclear, na crise dos mísseis de Cuba, a linha vermelha na verdade era um teletipo que permitia o envio de mensagens rápidas e seguras entre as duas potências. As chamadas de voz eram consideradas muito arriscadas, dadas as dificuldades de tradução em tempo real.

O telefone também possibilitou transformações menos óbvias. Popularizou o sentido moderno da palavra alô (*hello*) – como uma saudação que começa uma conversa –, transformando-a numa das palavras mais

Funcionários instalam na Casa Branca o "telefone vermelho", a lendária linha de emergência que ligava a Casa Branca ao Kremlin durante a Guerra Fria, em 30 de agosto de 1963, em Washington.

reconhecidas em qualquer lugar do planeta. As centrais telefônicas tornaram-se uma das primeiras rotas de entrada para as mulheres numa classe "profissional". (Só a AT&T empregava 250 mil mulheres em meados da década de 1940.) Em 1908, um executivo da AT&T chamado John J. Carty argumentou que o telefone teve impacto tão grande quanto o elevador na construção dos arranha-céus:

> Pode parecer ridículo dizer que Bell e seus sucessores foram os pais da moderna arquitetura comercial do arranha-céu. Mas espere um minuto. Pegue o Singer Building, o Flatiron Building, o Broad Exchange, o Trinity ou qualquer outro gigantesco edifício de escritórios. Quantas mensagens você acha que entram e saem desses prédios todos os dias? Suponha não houvesse telefone, e que cada mensagem tivesse de ser levada pessoalmente por mensa-

geiros. Que espaço você acha que os elevadores deixariam para os escritórios? Essas estruturas seriam uma impossibilidade econômica.[5]

Talvez o legado mais importante do telefone, contudo, esteja em uma estranha e maravilhosa organização que cresceu fora dele, a Bell Labs, empresa que iria desempenhar papel fundamental na criação de quase todas as principais tecnologias do século XX. Rádios, tubos de vácuo, transistores, televisões, células solares, cabos coaxiais, raios laser, microprocessadores, computadores, telefones celulares, fibras óticas – todas essas ferramentas fundamentais da vida moderna descendem de ideias originalmente geradas na Bell Labs. Não é à toa que a empresa ficou conhecida como "fábrica de ideias".

A questão interessante sobre a Bell Labs não é *o que* a empresa inventou. (A resposta para isso é simples: quase tudo.) A verdadeira questão é *por que* a Bell Labs foi capaz de criar tanto do século XX. A história definitiva da Bell Labs, *The Idea Factory,* de Jon Gertner, revela o segredo para o sucesso incomparável do laboratório. Não se tratava apenas de diversidade de talentos, de tolerância ao erro e de vontade de fazer grandes apostas – todos esses traços da Bell Labs também estavam presentes no famoso laboratório de Edison em Menlo Park, bem como em outros centros de pesquisa ao redor do mundo. O que fez a Bell Labs tão diferente teve a ver com a lei antitruste e com os gênios que ela atraiu.

Já em 1913, a AT&T estava lutando contra o governo dos Estados Unidos por causa do controle monopolista que a empresa exercia sobre o serviço de telefonia do país. O monopólio era inegável. Se você fizesse uma chamada telefônica nos Estados Unidos em algum momento entre 1930 e 1984, estaria, quase sem exceção, usando a rede da AT&T. Esse poder monopolista tornou a empresa imensamente lucrativa, uma vez que não enfrentava nenhuma concorrência de porte.

A AT&T conseguiu manter os reguladores nacionais a distância por setenta anos, convencendo-os de que a rede de telefonia era um "monopólio natural" e necessário. Circuitos de telefone analógicos eram complicados demais para serem administrados por uma miscelânea de empresas concorrentes. Se os americanos quisessem um telefone em rede confiável, o sistema precisava ser gerenciado por uma única empresa. No fim, os advogados do Departamento de Justiça contrários ao monopólio elaboraram um acordo intrigante, estabelecido oficialmente em 1956.[6] A AT&T teria permissão para manter seu monopólio sobre o serviço de telefonia, mas qualquer invenção patenteada que tivesse origem na Bell Labs devia ser livremente licenciada para qualquer empresa americana que a considerasse útil, e todas as novas patentes teriam de ser licenciadas por taxa módica. Efetivamente, o governo disse à AT&T que podia manter seus lucros, mas, em troca, teria de doar suas ideias.

Aquele foi um arranjo único, do tipo que não gostaríamos de ver de novo. O poder de monopólio deu à empresa um fundo para pesquisa quase infinito, porém, cada ideia interessante surgida das pesquisas poderia ser logo adotada por outras empresas. Assim, grande parte do sucesso americano em eletrônica no pós-guerra – dos transistores aos computadores e telefones celulares – remonta, em última análise, ao acordo de 1956. Graças à resolução antitruste, a Bell Labs tornou-se um dos híbridos mais estranhos da história do capitalismo: a grande máquina lucrativa gerando novas ideias que, para todos os efeitos práticos, eram socializadas. Os americanos tinham de pagar um dízimo para a AT&T por seu serviço telefônico, mas as inovações geradas pela companhia pertenciam a todos.

Um dos avanços mais inovadores na história da Bell Labs surgiu nos anos que antecederam o acordo de 1956. Por razões compreensíveis, ele quase não recebeu atenção no momento. A revolução resultante desse invento ainda precisaria de meio século para eclodir, e sua existência era um segredo de Estado, quase tão bem guardado quanto o Projeto Manhattan. Contudo, ele foi um marco, e mais uma vez começou com o som da voz humana.

A inovação que a Bell Labs criou de início – o telefone Bell – nos levou a um limite crucial na história da tecnologia. Pela primeira vez um componente do mundo físico era representado em termos de energia elétrica de forma direta. (O telégrafo convertia símbolos feitos pelo homem em eletricidade, mas o som pertencia ao mesmo tempo à natureza e à cultura.) Alguém falava num receptor, gerando ondas sonoras que se tornavam pulsos de eletricidade, que se transformavam novamente em ondas sonoras na outra extremidade. O som, de certa forma, foi o primeiro de nossos sentidos a ser eletrificado. (No mesmo período, a eletricidade nos ajudou a *ver* o mundo de forma mais clara graças à lâmpada, mas só décadas depois iria gravar e transmitir o que víamos.) Quando essas ondas sonoras tornaram-se elétricas, elas puderam viajar grandes distâncias em velocidades surpreendentes.

No entanto, por mais que esses sinais elétricos fossem mágicos, eles não eram infalíveis. Viajando de cidade em cidade através de fios de cobre, eram vulneráveis à deterioração, à perda de sinal e ao ruído. Os amplificadores, como veremos, ajudaram a resolver o problema, reforçando os sinais à medida que eram transmitidos pela linha. Mas o objetivo final era um sinal puro, uma espécie de representação perfeita da voz que não se degradasse ao passar pela rede telefônica. Curiosamente, o caminho que levou a esse objetivo começou com uma meta diferente, não a de manter nossas vozes puras, mas de conservá-las em *segredo*.

Durante a Segunda Guerra Mundial, o lendário matemático Alan Turing trabalhou em colaboração com A.B. Clark, da Bell Labs, no desenvolvimento de uma linha segura de comunicações, sob o codinome Sigsaly, que convertia as ondas sonoras da fala humana em expressões matemáticas. O Sigsaly gravava uma onda sonora 20 mil vezes por segundo, captando a amplitude e a frequência de onda naquele momento. Mas a gravação não era feita convertendo a onda em sinal elétrico ou em sulco num cilindro de cera. Em vez disso, transformava a informação em números codificados na linguagem binária de 0 e 1. "Gravação", na verdade, era a palavra errada para isso. Usando um termo que se tornaria linguagem comum no hip-hop e entre adeptos da música eletrônica cinquenta anos mais tarde, eles chamaram esse processo de *sampling* ("amostragem"). De fato, eles estavam tirando fotos da onda sonora 20 mil vezes por segundo, mas os instantâneos eram escritos em 0 e 1, de forma digital, não analógica.[7]

O trabalho com amostras digitais tornou mais fácil transmiti-las de maneira segura. Alguém procurando um sinal analógico tradicional ouviria apenas uma rajada de ruído digital. (O Sigsaly recebeu o nome de código Green Hornet* porque a informação crua soava como o zumbido de um inseto.) Os sinais digitais também podiam ser matematicamente criptografados de forma muito mais eficaz que os analógicos. Apesar de terem interceptado e gravado muitas horas de transmissões do Sigsaly, os alemães jamais conseguiram interpretá-las.

Desenvolvido por uma divisão especial do Army Signal Corps e supervisionado por pesquisadores da Bell Labs, o Sigsaly entrou em operação em 15 de julho de 1943, com um histórico telefonema transatlântico entre o Pentágono e Londres. No início da chamada, antes da conversa se voltar para questões mais prementes de estratégia militar, o presidente da Bell Labs, dr. O.E. Buckley, fez algumas observações introdutórias sobre o avanço tecnológico que o Sigsaly representava:

> Estamos reunidos hoje em Washington e Londres para inaugurar um novo serviço, a telefonia secreta. Este é um evento de destaque na condução da guerra e que outros aqui podem avaliar melhor que eu. Como façanha técnica, gostaria de salientar que deve ser incluído entre os principais avanços da arte da telefonia. Ele não só representa a realização de um objetivo há muito procurado – o completo sigilo em transmissão radiofônica –, como significa a primeira aplicação prática de novos métodos de transmissão telefônica que prometem ter efeitos de longo alcance.[8]

Se Buckley subestimou qualquer coisa foi a importância desses "novos métodos". O Sigsaly não foi apenas um marco na telefonia. Foi um divisor de águas na história da mídia e das comunicações em geral. Pela primeira vez, nossas experiências foram digitalizadas. A tecnologia por trás do Sigsaly continuaria útil no fornecimento de linhas de comunicação seguras. Mas a força verdadeiramente perturbadora que desencadeou viria

* Green Hornet: Besouro Verde, personagem de uma série radiofônica criada em 1936. (N.T.)

de outra estranha e magnífica propriedade que ele possuía: cópias digitais podiam ser cópias perfeitas. Com o equipamento certo, amostras digitais de som podiam ser transmitidas e copiadas com fidelidade absoluta. Assim, grande parte da turbulência da paisagem da mídia moderna – a reinvenção da indústria musical, que começou com serviços de compartilhamento de arquivos como o Napster, o surgimento de *streaming* de mídia, bem como o colapso das tradicionais redes de televisão – remonta ao zumbido digital do Green Hornet. Se os robôs historiadores do futuro tivessem de marcar um momento em que a "era digital" começou – o equivalente computacional ao 4 de Julho ou ao dia da Queda da Bastilha –, o telefonema transatlântico de julho de 1943 certamente estaria no topo da lista. Mais uma vez, nosso desejo de reproduzir o som da voz humana expandiu-se para a possibilidade adjacente. Pela primeira vez nossa experiência do mundo estava se tornando digital.

As amostras digitais do Sigsaly viajaram através do Atlântico como cortesia de outro avanço nas comunicações que a Bell Labs ajudou a criar: o rádio. Curiosamente, apesar de ter se tornado afinal uma mídia saturada pelo som de pessoas falando ou cantando, o rádio não começou assim. As primeiras transmissões funcionais do rádio – criado por Guglielmo Marconi e por uma série de outros brilhantes inventores esporádicos nas últimas décadas do século XIX – foram quase exclusivamente dedicadas ao envio de mensagens em código Morse. (Marconi chamou sua invenção de "telegrafia sem fio".) No entanto, quando a informação começou a fluir pelas ondas de rádio, não demorou muito para que amadores e laboratórios de pesquisa começassem a pensar em como transformar palavras faladas e música em componentes dessa mistura.

Um desses diletantes foi Lee De Forest, um dos mais brilhantes e erráticos inventores do século XX. Trabalhando no seu laboratório caseiro em Chicago, De Forest sonhava em combinar o telégrafo sem fio de Marconi com o telefone de Bell.[9] Ele começou uma série de experiências com um transmissor de centelha, dispositivo que criava um brilhante e monótono pulso de energia eletromagnética que podia ser detectado por antenas a quilômetros de distância, perfeito para enviar o código Morse. Uma noite, enquanto acionava uma série de pulsos, De Forest notou algo estranho acontecendo em toda a sala: sempre que criava uma centelha, a chama de seu lampião a gás ficava branca e aumentava de tamanho. De alguma forma, De Forest pensou, a pulsação eletromagnética intensificava a chama. Essa bruxuleante luz do gás piscando plantou uma semente em sua cabeça: talvez o gás pudesse ser usado para amplificar a fraca recepção de rádio, tornando-a forte o bastante para transportar o sinal mais rico em informação das palavras faladas, e não apenas o staccato dos pulsos do código Morse. Mais tarde ele escreveria, com típica grandiosidade: "Eu descobri um Império do Ar Invisível, intangível, mas sólido como granito."

Depois de alguns anos de tentativa e erro, De Forest desenvolveu um bulbo preenchido com gás contendo três eletrodos precisamente configurados, projetados para amplificar sinais de entrada sem fio. Ele chamou o aparelho de Audion. Como dispositivo de transmissão para a palavra falada, o Audion só tinha potência para transmitir sinais inteligíveis.[10] Em 1910, De Forest usou um dispositivo de rádio equipado com o Audion para fazer, pela primeira vez na história, a transmissão da voz humana de um navio para a costa. Mas ele tinha planos muito mais ambiciosos para seu dispositivo. Imaginara um mundo em que sua tecnologia sem fio fosse utilizada não apenas em comunicações militares e comerciais, mas também para o divertimento de massa, em particular para tornar sua grande paixão, a ópera, disponível para todos. "Estou ansioso pelo dia em que a ópera estará em cada casa", declarou ao *New York Times*, acrescentando, um pouco menos romanticamente: "Algum dia a publicidade ainda será enviada ao longo do dispositivo sem fio."[11]

Em 13 de janeiro de 1910, durante uma apresentação da *Tosca* no Metropolitan Opera de Nova York, De Forest ligou um microfone de telefone no corredor a um transmissor montado no telhado a fim de criar a primeira transmissão ao vivo de uma rádio pública. Provavelmente o mais poético dos modernos inventores, De Forest viria a definir sua transmissão: "As ondas do éter passam por cima das torres mais altas, e os que estão entre elas continuam inconscientes das vozes silenciosas que passam por eles, de todos os lados. ... E quando falam com eles, as notas de alguma adorada melodia terrestre, sua admiração aumenta."[12]

Na verdade, essa primeira transmissão provocou mais escárnio que admiração. De Forest convidou hordas de repórteres e celebridades para ouvir a transmissão em seus receptores de rádio espalhados pela cidade. A intensidade do sinal era terrível, e os ouvintes escutaram algo mais parecido com o zumbido ininteligível de um besouro-verde que as notas de uma adorada melodia terrestre. O *Times* descreveu toda a aventura como "um desastre". De Forest foi até processado pelo procurador-geral dos Estados Unidos por fraude, acusado de exagerar o valor da tecnologia sem fio do Audion e encarcerado por alguns minutos. Como precisava de dinheiro para pagar os proventos de seus advogados, De Forest vendeu a patente do Audion para a AT&T a preço de banana.

Quando os pesquisadores da Bell Labs começaram a investigar o Audion, descobriram algo extraordinário: desde o início, Lee De Forest estivera totalmente enganado sobre quase tudo que inventara. O aumento da chama de gás nada tinha a ver com radiação eletromagnética: fora provocado pelas ondas sonoras do ruído da centelha. O gás não detectou e amplificou o sinal de rádio, apenas tinha tornado o dispositivo menos eficaz.

De alguma forma, porém, por trás do acúmulo de erros de De Forest, uma bela ideia estava pronta para surgir.[13] Durante a década seguinte, os engenheiros da Bell Labs e de outras instituições modificaram sua criação básica de três eletrodos, removendo o gás do bulbo de modo a vedá-lo num perfeito recipiente a vácuo, transformando-o num transmissor *e* num receptor. O resultado foi o tubo de vácuo, o primeiro grande avanço da revolução eletrônica, um dispositivo que podia amplificar o sinal elétrico de quase qualquer tecnologia que dele necessitasse. Televisão, radar, gravação de som, amplificadores de guitarra, raios X, fornos de micro-ondas, a "telefonia secreta" do Sigsaly, os primeiros computadores digitais, tudo dependeria dos tubos de vácuo.

Mas a primeira grande corrente tecnológica a levar o tubo de vácuo para as residências foi o rádio. De certa forma, essa foi a realização do

Lee De Forest, inventor americano, no final dos anos 1920.

sonho de De Forest: um império do ar transmitindo belas melodias para salas de estar em todos os lugares. No entanto, mais uma vez, a visão de De Forest seria frustrada por eventos concretos. As melodias que começaram a tocar nesses dispositivos mágicos foram apreciadas por quase todos, exceto pelo próprio De Forest.

O RÁDIO COMEÇOU sua vida como uma transmissão de duas vias, prática que continua até hoje com o radioamadorismo: entusiastas amadores conversando entre si através das ondas, às vezes escutando outras conversas. Mas, no início dos anos 1920, o modelo de transmissão que viria a dominar essa tecnologia evoluiu. Estações profissionais começaram a distribuir programas de notícia e entretenimento para consumidores que os ouviam em receptores de rádio em suas casas. Quase de imediato, algo totalmente inesperado aconteceu: o advento de uma mídia de massa para o som divulgou um novo tipo de música nos Estados Unidos, uma música que até então pertencia quase exclusivamente a Nova Orleans, às cidades fluviais do Sul dos Estados Unidos e aos bairros afro-americanos de Nova York e Chicago. De súbito, o rádio fez do jazz um fenômeno nacional.[14] Músicos como Duke Ellington e Louis Armstrong tornaram-se nomes conhecidos. No final dos anos 1920, a banda de Duke Ellington realizava transmissões nacionais toda semana no Cotton Club, no Harlem; pouco tempo depois, Louis Armstrong tornou-se o primeiro afro-americano a ter seu próprio programa de rádio nacional.

Tudo isso deixou Lee De Forest tão horrorizado que escreveu uma denúncia tipicamente barroca à National Association of Broadcasters: "O que você fez com meu filho, o programa de rádio? Você rebaixou essa criança, vestiu-a com os trapos do ragtime, do *jive* e do boogie-woogie." Na verdade, a tecnologia que De Forest ajudou a inventar era intrinsecamente mais adequada ao jazz que às performances clássicas. O jazz sobressaía no débil e compactado som dos primeiros rádios AM; grande parte da vasta amplitude dinâmica de uma sinfonia se perdia. O trompete explosivo de Satchmo soava melhor no rádio que as sutilezas de Schubert.

Na verdade, a colisão do jazz com o rádio criou o primeiro surto de uma série de ondas culturais que rolaram pela sociedade no século XX. Um novo som que aos poucos vinha sendo incubado numa pequena parte do mundo – Nova Orleans, no caso do jazz – abre seu caminho para a mídia de massa do rádio, ofendendo os adultos e eletrizando os jovens. O canal escavado pelo jazz seria depois preenchido pelo rock'n' roll de Memphis, pelo pop britânico de Liverpool, pelo rap e o hip-hop

O compositor Duke Ellington apresenta-se no palco, por volta de 1935.

do Centro-Sul e do Brooklyn. Alguma coisa no rádio e na música parece ter incentivado esse padrão de uma forma que a televisão e o cinema não conseguiram. Quase imediatamente depois de uma mídia nacional ter surgido para compartilhar a música, subculturas de som começaram a florescer nesse meio de comunicação. Já existiam artistas "underground" antes do rádio – poetas e pintores empobrecidos –, mas o rádio ajudou a criar um modelo que se tornaria lugar-comum: artistas do metrô que se tornam celebridade da noite para o dia.

Com o jazz, claro, havia um elemento adicional importante. As celebridades instantâneas eram quase todas afro-americanas: Duke Ellington, Louis Armstrong, Ella Fitzgerald, Billie Holiday. Aquele foi um grande avanço. Pela primeira vez os Estados Unidos brancos davam as boas-vindas à cultura afro-americana em sua sala de estar, ainda que através dos alto-falantes de uma emissora AM. As estrelas do jazz forneceram aos Estados Unidos brancos um exemplo de afro-americanos famosos, ricos e admirados por seu talento artístico, e não como militantes.

Óbvio que muitos desses músicos também se tornaram fortes militantes, em músicas como "Strange fruit", de Billie Holiday, com a chocante narrativa de um linchamento no Sul. Os sinais de rádio tinham uma espécie de liberdade intrínseca que se revelou libertadora no mundo real. Aquelas ondas de rádio ignoraram a forma como a sociedade estava segmentada na época, entre o mundo negro e o branco, entre diferentes classes econômicas. Os sinais de rádio eram daltônicos. Assim como a internet, eles não romperam tantas barreiras, mas viveram num mundo separado por elas.

O despontar do Movimento pelos Direitos Civis esteve intimamente ligado à disseminação do jazz nos Estados Unidos. Para muitos americanos, ele foi o primeiro ponto de contato cultural entre o país negro e o branco, criado em grande parte pelos afro-americanos. Por si só, foi um grande golpe contra a segregação. Martin Luther King explicitou essa relação em declarações durante o Festival de Jazz de Berlim, em 1964:

> Não é de estranhar que a busca de identidade dos negros norte-americanos tenha sido tão defendida por músicos de jazz. Muito antes de ensaístas e estudiosos modernos escreverem sobre "a identidade racial" como problema para um mundo multirracial, os músicos já retornavam às suas raízes para afirmar o que se agitava em suas almas. Muito do poder do nosso Movimento pela Liberdade nos Estados Unidos tem vindo dessa música. Ela vem nos fortalecendo com os seus doces ritmos quando a coragem começa a falhar. Tem nos acalmado com suas ricas harmonias quando os espíritos estão deprimidos. E agora o jazz é exportado para o mundo.[15]

Como muitas figuras políticas do século XX, Luther King estava em débito com o tubo de vácuo por outra razão. Pouco depois que De Forest e a Bell Labs começaram a usar tubos de vácuo nas transmissões do rádio, a tecnologia foi convocada para amplificar a voz humana em contextos mais imediatos: poderosos amplificadores ligados a microfones permitiam às pessoas falar ou cantar para grandes multidões pela primeira vez na história. Os amplificadores a válvula finalmente transcenderam a engenharia de som que prevalecia desde o Neolítico. Não éramos mais dependentes das reverberações de cavernas, catedrais ou casas de ópera para fazer nossas vozes soarem mais alto. Agora a eletricidade podia fazer o trabalho dos ecos, mas de maneira mil vezes mais poderosa.

A amplificação criou um novo tipo de evento político: manifestações de massa reunidas em torno de locutores. As multidões já vinham desempenhando papel dominante nas agitações políticas do século e meio anterior. Se há uma imagem icônica de revolução antes do século XX, é o enxame de pessoas tomando as ruas das cidades em 1789 ou em 1848. Mas a amplificação forneceu àquelas multidões fervilhantes um ponto focal: a voz do líder reverberando na praça, no estádio ou no parque. Antes dos amplificadores, os limites de nossas cordas vocais tornavam difícil falar para mais de mil pessoas ao mesmo tempo. (Os elaborados estilos vocais do canto lírico em muitos aspectos eram treinados para obter a projeção máxima, ultrapassando as limitações biológicas.) Contudo, um microfone conectado a vários alto-falantes ampliou a gama do alcance da voz em várias ordens de magnitude.

Ninguém reconheceu – ou explorou – esse novo poder mais depressa que Adolf Hitler, cujos comícios em Nuremberg dirigiam-se para mais de 100 mil seguidores, todos obcecados pelo som amplificado da voz do Führer. Se retirarmos o microfone e o amplificador da caixa de ferramentas da tecnologia do século XX, estaremos removendo uma das formas que mais definiram a organização política desse século, de Nuremberg a "Eu tenho um sonho".

A amplificação a válvula também deu lugar a um equivalente musical dos comícios políticos: os Beatles no Shea Stadium, o festival de Woodstock, o Live Aid. Mas as idiossincrasias da técnica do tubo de vácuo também tiveram um efeito mais sutil na música do século XX, tornando-a mais alta e também mais barulhenta.

É difícil para os que vivem a vida toda nesse nosso mundo pós-industrial entender quanto o som da industrialização foi chocante para os ouvidos humanos um ou dois séculos atrás. Uma sinfonia de discórdia inteiramente nova entrou de repente nos domínios da vida cotidiana, em especial nas grandes cidades: o estrondo, o clangor de metal contra metal, a rajada, a estridência ruidosa da máquina a vapor. Em muitos aspectos, o barulho foi tão chocante quanto as multidões e os odores das grandes cidades. Nos anos 1920, já com sons eletricamente amplificados, começaram a rugir, ao lado do resto do tumulto urbano, organizações como a Manhattan's Noise Abatement Society, defendendo uma metrópole mais tranquila.

Simpático à missão da entidade, um engenheiro da Bell Labs chamado Harvey Fletcher criou um caminhão com equipamentos supermodernos de som, e engenheiros da Bell rodavam lentamente por Nova York medindo o som nos pontos mais barulhentos.[16] (A unidade para medir o volume do som – o decibel – se originou na pesquisa de Fletcher.) Fletcher e sua equipe descobriram que alguns sons da cidade – a rebitagem e as perfurações nas construções, o rugido do metrô – estavam no limiar de decibéis da dor acústica. Na Cortlandt Street, conhecida como "Radio Row", o ruído das vitrines apresentando os últimos modelos de rádio era tão alto que chegava a abafar o do metrô elevado.

Mas enquanto grupos favoráveis à redução de ruídos lutavam contra o barulho moderno com regulamentações e campanhas públicas, surgiu outra resposta. Em vez de repelir o som, nossos ouvidos começaram a encontrar algo bonito nele. Desde o início do século XIX, as experiências rotineiras da vida diária vinham sendo na verdade uma sessão de treinamento para a estética do ruído. No entanto, foi o tubo de vácuo que afinal levou o ruído às massas.

A partir dos anos 1950, guitarristas que tocavam com amplificadores a válvula perceberam que poderiam fazer um novo e intrigante tipo de som saturando o amplificador: uma camada rascante de ruído na parte superior das notas gerada pelo próprio dedilhar das cordas da guitarra. Tecnicamente falando, era o som do amplificador funcionando mal, distorcendo o som que devia reproduzir. Para a maioria dos ouvidos, aquilo soou como se algo no equipamento estivesse quebrado, mas um pequeno grupo de músicos começou a achar atraente esse som.

Algumas das primeiras gravações de rock'n'roll dos anos 1950 já mostrava uma quantidade modesta de distorção nas trilhas da guitarra, mas a arte do ruído só iria realmente decolar nos anos 1960. Em julho de 1960, um baixista chamado Grady Martin estava gravando uma frase melódica para uma música de Marty Robbins chamada "Don't worry" quando seu amplificador, com algum defeito, criou um som esquisito que hoje chamamos de "distorção". Robbins queria eliminar esse trecho da música, mas o produtor insistiu em mantê-lo. "Ninguém conseguiu entender, porque soou como um saxofone", diria Robbins anos mais tarde. "Parecia um motor a jato decolando. Era uma mistura de sons diferentes."[17] Inspirado na estranha e indefinível frase musical de Martin, uma banda chamada The Ventures propôs a um amigo bolar um dispositivo que adicionasse intencionalmente um efeito distorcido. Um ano depois, já havia caixas de distorção no mercado; três anos mais tarde, Keith Richards saturava a frase de abertura de "Satisfaction" com distorção, e nascia assim a marca registrada do som dos anos 1960.

Algo semelhante se desenvolveu com um novo som – desagradável, no começo – que ocorre quando alto-falantes amplificados e microfones se encontram no mesmo espaço físico: o turbilhão estridente da microfonia. A distorção era um som que ao menos tinha alguma semelhança acústica com os sons industriais surgidos no século XVIII. (Daí o tom de "motor a jato" do trecho do contrabaixista Grady Martin.) Mas a microfonia era uma criatura completamente nova, que não existia sob nenhuma forma até a invenção de alto-falantes e microfones, cerca de um século atrás. Engenheiros de som faziam grandes esforços para eliminá-la de gravações de concertos, posicionando os microfones de forma a não captarem o sinal dos alto-falantes e evitando o vaivém infinito do guincho agudo de retorno.

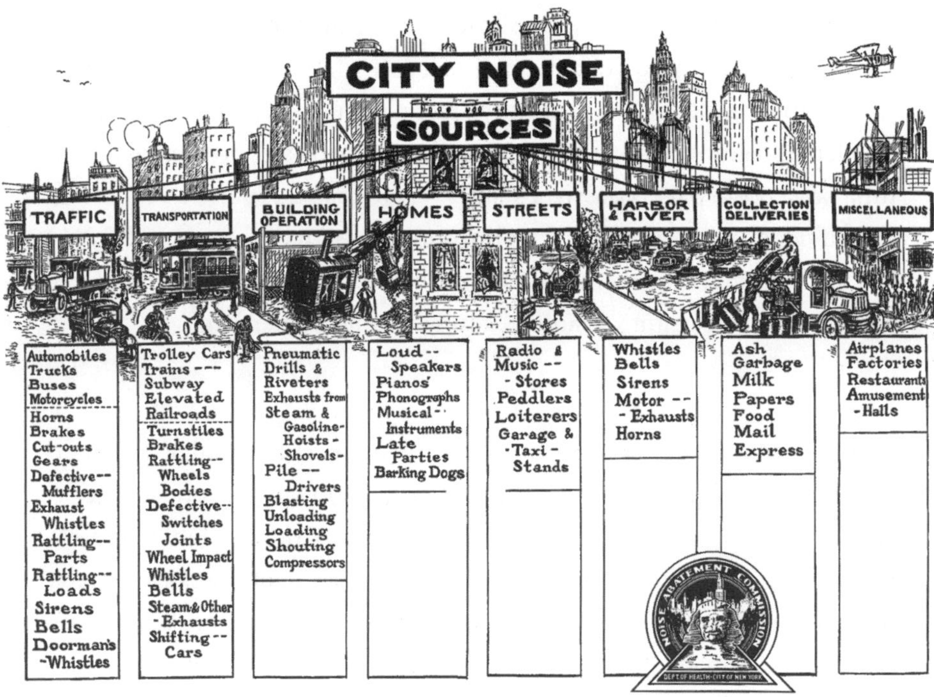

Diagrama da taxonomia do som que ilustrava o livro *City Noise*.

Contudo, mais uma vez, o que era mau funcionamento para uns tornou-se música para outros, quando artistas como Jimi Hendrix e o Led Zeppelin – e, mais tarde, experimentalistas punks como o Sonic Youth – adotaram esse som em suas gravações e performances. Na verdade, Jimi Hendrix não estava apenas tocando guitarra naquelas gravações cheias de microfonia no fim dos anos 1960, ele estava criando um novo som gerado pela vibração das cordas da guitarra, pelos microfones captadores do som da guitarra e pelos alto-falantes, elaborando complexas e imprevisíveis interações entre as três tecnologias.

Às vezes, inovações culturais surgem a partir da utilização de novas tecnologias de modo não imaginado. De Forest e a Bell Labs não tentaram inventar o comício quando desenharam os primeiros esboços de um tubo de vácuo, mas acabaram facilitando a organização de manifestações de massa graças à amplificação de uma voz falando para muitas pessoas.

Outras vezes, no entanto, a inovação vem de uma abordagem mais improvável, a exploração deliberada de um defeito, transformando barulho e erro em sinal utilizável. Cada nova tecnologia surge com seus próprios problemas de funcionamento – e de vez em quando esses problemas abrem uma nova porta para o possível adjacente. No caso do tubo de vácuo, nossos ouvidos aprenderam a curtir um som que sem dúvida teria deixado Lee De Forest de cabelo em pé. Às vezes o defeito de uma nova tecnologia é quase tão interessante quanto seu funcionamento perfeito.

Dos neandertalenses cantando nas cavernas da Borgonha, passando por Édouard-Léon Scott de Martinville gorjeando em seu fonoautógrafo, até chegar à radiodifusão de Duke Ellington no Cotton Club, a história da tecnologia do som sempre teve a ver com o aumento do alcance e da intensidade de nossas vozes e de nossos ouvidos. Contudo, a mais surpreendente guinada de todas aconteceria apenas um século atrás, quando os homens perceberam que o som podia ser aproveitado para outra coisa: nos ajudar a enxergar.

A utilização da luz para sinalizar a presença de perigo na costa para os marinheiros é uma prática antiga. O farol de Alexandria, construído vários séculos antes do nascimento de Cristo, foi uma das sete maravilhas originais do mundo. Mas os faróis tinham fraco desempenho justamente quando eram mais necessários: em tempestades, quando a luz que emitem é obscurecida pela névoa e pela chuva. Muitos faróis empregavam sinos de alerta como complemento, porém eles podiam ser facilmente abafados pelo rugido do mar. No entanto, as ondas sonoras apresentam uma intrigante propriedade física: elas viajam quatro vezes mais depressa sob a água que no ar e se mostram quase imperturbadas pelo caos sonoro acima do nível do mar.

Em 1901, uma empresa sediada em Boston chamada Submarine Signal Company (SSC) começou a fabricar um sistema de dispositivos de comunicação que explorava essa propriedade das ondas sonoras aquáticas: sinos embaixo d'água, que tocavam em intervalos regulares, e microfones especiais para recepção submarina, chamados "hidrofones". A SSC montou mais de cem estações ao redor do mundo, principalmente em portos ou canais traiçoeiros, onde os sinos submarinos alertavam embarcações equipadas com os hidrofones da empresa, orientando-as quando estavam muito perto de rochas ou bancos de areia. O sistema era engenhoso, mas tinha seus limites. Para começar, só funcionava em locais onde a SSC havia instalado sinos de alerta. E era totalmente inútil na detecção de perigos menos previsíveis, como outros navios ou icebergs.

A ameaça representada pelos icebergs para as viagens marítimas ficou muito evidente para o mundo em abril de 1912, quando o *Titanic* naufragou no Atlântico Norte. Poucos dias antes do naufrágio, o inventor canadense Reginald Fessenden topou com um engenheiro da SSC numa estação de trem, e, depois de um rápido bate-papo, os dois combinaram que Fessenden iria até o escritório da empresa para ver as mais recentes tecnologias de sinalização subaquática.[18] Fessenden foi um pioneiro do rádio sem fio, responsável pela primeira transmissão por rádio da fala humana e pela primeira transmissão de rádio transatlântica de código Morse em duas vias. Essa experiência levou a SSC a pedir para sua assessoria projetar um sistema de hidrofones que filtrasse melhor o ruído de fundo da acústica submarina. Quando a notícia do naufrágio do *Titanic* foi divulgada, quatro dias depois de sua visita à SSC, Fessenden ficou chocado, como o resto do mundo. Mas teve uma ideia sobre como evitar essas tragédias no futuro.

A primeira sugestão de Fessenden, inspirada por suas experiências com a telegrafia sem fio, foi substituir os sinos por um tom contínuo, de origem elétrica, que também podia ser usado para transmissão em código Morse. Todavia, quando ele começou a pesquisar as possibilidades, percebeu que o sistema poderia ser muito mais ambicioso. Em vez de apenas ouvir os sons gerados em postos de alerta especialmente instalados e projetados, o dispositivo de Fessenden iria *gerar* seus sons a bordo do navio e ouvir os ecos criados pelo reflexo dos sons em objetos na água, o mesmo sistema de ecolocalização usado pelos golfinhos em seu nado pelo oceano. Adotando os mesmos princípios que tinham atraído os cantores das grutas às seções mais reverberantes das cavernas de Arcy-sur-Cure, Fessenden sintonizou o dispositivo de modo a ressoar somente num pequeno intervalo do espectro de frequências, algo em torno de 540hz, ignorando assim todo o ruído de fundo do ambiente aquático. Depois de chamar seu dispositivo de "vibrador" por alguns meses, acabou batizando-o de "oscilador de Fessenden". Ele era um sistema para enviar e receber telegrafia submarina, e foi o primeiro dispositivo de sonar funcional do mundo.

Mais uma vez, o calendário mundial de eventos históricos ressaltou a premência da engenhoca de Fessenden. Apenas um ano depois de ter concluído seu primeiro protótipo funcional, rompeu a Primeira Guerra Mundial. Os submarinos alemães rondando o Atlântico Norte representam então uma ameaça ainda maior para as viagens marítimas que o iceberg do *Titanic*.[19] O perigo tornava-se particularmente intenso para Fessenden, que, como cidadão canadense, era fervoroso patriota do Império Britânico. (Parece também que ele se encontrava no limite do racismo, desenvolvendo mais tarde, em suas memórias, uma teoria sobre por que "os homens de cabelos loiros de ascendência inglesa" tinham sido tão fundamentais para a inventiva moderna.)

Os Estados Unidos ainda levariam dois anos para entrar na guerra, e os executivos da SSC não partilhavam a fidelidade de Fessenden à bandeira inglesa. Diante do risco financeiro do desenvolvimento de *duas* novas tecnologias revolucionárias, a empresa decidiu construir e comercializar o oscilador como dispositivo apenas para o telégrafo sem fio.

Afinal, Fessenden pagou do próprio bolso uma viagem a Portsmouth, na Inglaterra, para tentar convencer a Marinha Real Britânica a investir em seu oscilador, mas eles também duvidaram daquela invenção milagrosa. Fessenden escreveria mais tarde: "Eu implorei para nos deixarem abrir a caixa e mostrar o que era o aparelho."[20] Suas súplicas foram sumariamente ignoradas. O sonar só se tornaria componente-padrão da guerra naval durante a Segunda Guerra Mundial. Até o Armistício, em 1918, mais de 10 mil vidas foram perdidas para os submarinos. Os britânicos, e depois também os americanos, experimentaram inúmeras medidas ofensivas e defensivas para combater esses predadores. Ironicamente, contudo, a mais valiosa arma de defesa teria sido uma simples onda sonora de 540hz rebatendo no casco do agressor.

Um dos criadores do rádio, Reginald Fessenden, testa sua invenção, 1906.

Na segunda metade do século XX, os princípios da ecolocalização seriam empregados para fazer muito mais que detectar icebergs e submarinos. Embarcações de pesca – e praticantes de pesca amadora – começaram a usar as variações do oscilador de Fessenden em suas atividades. Cientistas recorreram ao sonar para explorar os últimos grandes mistérios de nossos oceanos, revelando paisagens ocultas, recursos naturais e fissuras geológicas. Oitenta anos após o naufrágio do *Titanic* ter inspirado Reginald Fessenden a urdir o primeiro sonar, uma equipe de pesquisadores americanos e franceses usou um desses aparelhos para descobrir o navio no fundo do oceano Atlântico, 3.650 metros abaixo da superfície.

A inovação de Fessenden teve seu efeito mais transformador em terra firme, contudo, onde os aparelhos de ultrassom, empregando o som para enxergar o interior do útero, revolucionaram o acompanhamento pré-natal, permitindo que os bebês e suas mães sejam rotineiramente salvos de complicações que seriam fatais há menos de um século. Fessenden esperava que sua ideia – o uso do som para enxergar – pudesse salvar vidas. Mesmo sem conseguir persuadir as autoridades a colocá-lo em uso na detecção de submarinos, o oscilador acabou salvando milhões de vidas, tanto no mar quanto em um lugar que Fessenden nunca teria imaginado, o hospital.

Decerto o uso mais conhecido do ultrassom envolve a identificação do sexo de um bebê durante a gravidez. Agora estamos acostumados a pensar em termos de informações binárias, 0 ou 1, circuito ligado ou desligado. Mas, entre todas as experiências da vida, há poucas encruzilhadas binárias como o sexo de um filho antes de nascer. Vai ser menino ou menina? Quantas consequências que podem mudar uma vida fluem dessa simples unidade de informação? Como muitos de nós, eu e minha esposa ficamos sabendo o sexo de nossos filhos usando o ultrassom. Hoje temos outros meios, mais precisos, de determinar o sexo do feto, mas o primeiro acesso a esse conhecimento foi conseguido rebatendo ondas sonoras no corpo de nossos filhos antes de eles nascerem. Assim como ocorria com os neandertalenses que exploravam as cavernas de Arcy-sur-Cure, os ecos lideraram o caminho.

Há, no entanto, um lado sombrio nessa inovação. A introdução do ultrassom em países como a China, com forte preferência cultural por filhos homens, levou a uma prática crescente de abortos seletivos por sexo. Uma ampla oferta de máquinas de ultrassom foi difundida em toda a China no início dos anos 1980. Embora o governo tenha logo proibido oficialmente o uso delas para determinar o sexo do bebê, o emprego clandestino da tecnologia para a identificação sexual se generalizou. Até o fim da década, a proporção entre os sexos no nascimento em hospitais de toda a China era de quase 110 meninos para cada cem meninas, com algumas províncias relatando índices que chegavam a 118 para cem.[21] Este pode ser um dos mais surpreendentes e trágicos efeitos beija-flor em toda a tecnologia do século XX: alguém constrói uma máquina para ouvir ondas sonoras a fim de identificar icebergs e, algumas gerações adiante, milhões de fetos do sexo feminino são abortados em decorrência da mesma tecnologia.

As distorções na proporção entre os sexos na China moderna têm muitas lições importantes, sem mencionar a questão do aborto em si e muito menos a do aborto baseado no gênero. Primeiro, são um lembrete de que o avanço tecnológico não é puramente positivo em seus efeitos: para cada navio salvo de um iceberg há inúmeras gestações interrompidas por falta de um cromossomo Y. A marcha da tecnologia tem sua própria lógica interna, mas a aplicação moral dessa tecnologia está em nossas mãos. Podemos decidir usar o ultrassom para salvar ou eliminar vidas. (Ou ainda mais desafiador, podemos usar o ultrassom para distorcer os limites da própria vida, detectando o batimento cardíaco de um feto com semanas de gestação.) Na maioria das vezes, as adjacências do progresso tecnológico e científico ditam o que podemos inventar em seguida. No entanto, por mais inteligente que alguém fosse, não poderia inventar uma ultrassonografia antes da descoberta das ondas de som. No entanto, o que nós decidimos fazer com as invenções? Essa é uma questão mais complicada, que requer um diferente conjunto de competências para responder.

Há outra lição, mais auspiciosa, na história do sonar e do ultrassom: a rapidez com que nossa criatividade é capaz de ultrapassar os limites da influência convencional. Nossos ancestrais notaram pela primeira vez, dezenas de milhares de anos atrás, que o eco e a reverberação têm o poder de alterar as propriedades sonoras da voz humana. Durante séculos, temos utilizado essas propriedades para aumentar o alcance e o poder das nossas cordas vocais, das catedrais até a Parede de Som de Phil Spector. Mas é difícil imaginar que alguém estudando a física do som há duzentos anos pudesse prever que esses ecos seriam usados para rastrear armas submarinas ou determinar o sexo de uma criança por nascer. O que começou com um som mais emocionante e intuitivo para os ouvidos humanos – o som de nossas vozes cantando, rindo, trocando notícias ou fofocando – transformou-se em ferramentas de guerra e paz, de vida ou morte. Assim como os lamentos distorcidos do amplificador a válvula, nem sempre este é um som feliz. No entanto, muitas vezes acaba por ter uma ressonância insuspeita.

4. Higiene

Em dezembro de 1856, um engenheiro de meia-idade de Chicago chamado Ellis Chesbrough cruzou o Atlântico para apreciar os monumentos do continente europeu.[1] Ele visitou Londres, Paris, Hamburgo, Amsterdam e meia dúzia de outras cidades – o clássico Grand Tour. Mas Chesbrough não fez essa peregrinação só para estudar a arquitetura do Louvre ou do Big Ben. Ele foi analisar as invisíveis realizações da engenharia europeia. Estava lá para estudar os esgotos.

Em meados do século XIX, Chicago era uma cidade com extrema necessidade de conhecimentos sobre a remoção de resíduos. Graças a sua importância crescente como centro distribuidor, transportando trigo e carne de porco preservada das grandes planícies para as cidades costeiras, transformou-se de aldeia em metrópole em questão de décadas. Mas, ao contrário de outras cidades que cresceram a taxas prodigiosas durante o mesmo período (como Nova York e Londres), Chicago sofria de um legado incapacitante, o rastro deixado por geleiras milhares de anos antes que os primeiros seres humanos se estabelecessem por ali. A cidade tem uma geografia imperdoavelmente plana.

Durante o Pleistoceno, um vasto campo de gelo alastrou-se da parte baixa da Groenlândia e cobriu a atual Chicago de geleiras de mais de dois quilômetros de altura.[2] À medida que o gelo derreteu, formou-se uma densa massa de água que os geólogos chamam agora de lago Chicago. Com o tempo, o lago foi drenado até formar o lago Michigan, achatando os depósitos de argila deixados pelo glaciar. A maioria das cidades goza de um desnível seguro entre os rios ou portos ao redor dos quais se desenvolveu. Em comparação a elas, Chicago é uma tábua de passar roupa – e por isso é a grande cidade da região das planícies americanas.

Construir uma cidade em terreno perfeitamente plano parece uma boa. Pode-se pensar que terrenos íngremes ou montanhosos como os de São Francisco, Cidade do Cabo ou Rio de Janeiro apresentariam mais problemas de engenharia para edificações e transporte. Mas topografias planas não drenam. Na metade do século XIX, a drenagem pela gravidade era fundamental para os sistemas de esgotos urbanos. As terras de Chicago também sofreram por não serem particularmente porosas. Como a água não tinha lugar para ir, as pesadas tempestades de verão transformavam o solo em região pantanosa em questão de minutos.

Quando William Butler Ogden, que mais tarde se tornaria o primeiro prefeito de Chicago, chegou à cidade encharcada pela chuva, percebeu que estava "afundando na lama até os joelhos". Escreveu ao cunhado, que tinha comprado terras no limite da cidade, numa aposta audaciosa em seu futuro: "Você foi culpado de um ato de grande insensatez ao fazer [essa] compra."[3] No final dos anos 1840, estradas feitas com pranchas de madeira foram erguidas sobre a lama. Um contemporâneo observou que de vez em quando uma das pranchas cedia, e "um lodo verde e preto jorrava entre as rachaduras".[4] O primeiro sistema de remoção sanitária constava de porcos soltos nas ruas, devorando o lixo que os seres humanos deixavam para trás.

Com sua rede ferroviária e de transporte expandindo-se numa velocidade extraordinária, Chicago mais que triplicou de tamanho durante a década de 1850. Essa taxa de crescimento impôs desafios para os recursos de habitação e transporte da cidade, mas o maior problema de todos veio de algo mais escatológico: quando quase 100 mil novos residentes chegam a uma cidade, eles geram um bocado de excremento.[5] Um editorial local declarou: "Os bueiros estão com tanta sujeira que até os porcos torcem o nariz com supremo desgosto."[6] Nós raramente pensamos sobre isso, mas o crescimento e a vitalidade das cidades sempre dependeram de nossa capacidade de gerenciar o fluxo dos resíduos humanos que se intensifica quando as pessoas se aglomeram. Desde os primórdios dos assentamentos humanos, descobrir onde colocar o excremento tem sido tão importante quanto descobrir como construir abrigos, praças ou mercados.

O problema é mais grave nas cidades que passam por um crescimento galopante, como vemos hoje nas favelas e cortiços das megacidades. A Chicago do século XIX, claro, tinha dejetos humanos e de animais, pois cavalos e suínos andavam pelas ruas, os bovinos aguardavam o abate nos currais. ("O rio é realmente vermelho de sangue quando passa sob a ponte da Rush Street, por baixo da nossa fábrica", escreveu um empresário. "Que tipo de pestilência pode resultar disso, eu não sei."[7])

Os efeitos de toda essa imundície não eram apenas ofensivos para os sentidos, eles eram mortais. Epidemias de cólera e disenteria irrompiam regularmente na década de 1850. Morreram sessenta pessoas por dia durante o surto de cólera do verão de 1854. As autoridades da época não entendiam bem a conexão entre os resíduos e a doença. Muitas apoiavam a teoria do "miasma" então em vigor, alegando que doenças epidêmicas surgiam a partir de vapores tóxicos, por vezes chamados de "neblinas da morte", que as pessoas inalavam em cidades densamente habitadas.[8] A verdadeira rota de transmissão – as invisíveis bactérias transportadas pela matéria fecal que poluía o suprimento de água – só se tornaria parte da sabedoria convencional uma década depois.

Enquanto a bacteriologia ainda não estava bem desenvolvida, as autoridades de Chicago tinham razão em estabelecer uma conexão essencial entre a limpeza da cidade e o combate às doenças. Em 14 de fevereiro de 1855, foi criado em Chicago um Conselho de Comissários de Esgotos para estudar o problema. Seu primeiro ato foi anunciar a busca do "mais competente engenheiro da época que estivesse disponível para o cargo de engenheiro-chefe".[9] Em alguns meses eles encontraram esse homem, Ellis Chesbrough, filho de um funcionário da estrada de ferro, que havia trabalhado em projetos para o canal e projetos ferroviários, na época engenheiro-chefe do Sistema Hidráulico de Boston.

Essa foi uma sábia escolha. O conhecimento de Chesbrough sobre transporte ferroviário e engenharia de canais revelou-se decisivo na resolução do problema do terreno plano e não poroso de Chicago. A criação de um patamar artificial e a construção de esgotos no subsolo foram consideradas saídas muito caras; construir uma galeria muito abaixo da superfície era um trabalho difícil para os equipamentos do século XIX, e todo o esquema exigia o bombeamento dos resíduos para a superfície no fim do processo.

Aqui a história pessoal de Chesbrough o ajudou a encontrar a alternativa, remetendo-o a uma ferramenta que havia visto quando era um jovem trabalhador na estrada de ferro: o macaco de rosca, dispositivo usado para levantar dos trilhos locomotivas que pesavam toneladas. Se não era possível escavar para criar um ângulo adequado de drenagem, por que não usar macacos de rosca para levantar a cidade?

Auxiliado pelo jovem George Pullman, que mais tarde faria fortuna com a construção de vagões, Chesbrough lançou um dos mais ambiciosos projetos de engenharia do século XIX. Edifício por edifício, Chicago foi suspendida com macacos de rosca por um exército de homens.[10] Enquanto os macacos levantavam os edifícios centímetro por centímetro, operários cavavam buracos sob as fundações dos prédios e instalavam grandes caibros de madeira para apoio, ao mesmo tempo que os pedreiros construíam uma nova base sob a estrutura. Tubulações de esgoto foram inseridas sob os edifícios, com as galerias principais passando por baixo das ruas, que foram depois recobertas por um aterro retirado do rio Chicago, suspendendo toda a cidade quase três metros em média.

Hoje os turistas que caminham pelos arredores de Chicago se admiram com a proeza de engenharia exposta no espetacular horizonte na cidade; o que eles não percebem é que o solo sob seus pés também é produto de uma engenharia brilhante. (Não admira que, depois de ter participado de empreendimento tão hercúleo, quando começou a construir a cidade-modelo fabril de Pullman, em Illinois, algumas décadas mais tarde, o primeiro passo de George Pullman foi instalar tubulações de água e esgoto antes de qualquer outra edificação.)

Por incrível que pareça, a vida continuou mais ou menos inalterada enquanto a equipe de Chesbrough suspendia os edifícios da cidade. Um visitante britânico viu um hotel de 750 toneladas ser erguido e descreveu a experiência surrealista numa carta: "As pessoas estavam dentro [do hotel]

Ellis Chesbrough, Chicago, cerca de 1870

o tempo todo, indo e voltando, comendo e dormindo – as atividades do hotel prosseguiam sem interrupção."[11] À medida que o projeto avançava, Chesbrough e sua equipe tornavam-se cada vez mais ousados nas estruturas que tentavam suspender. Em 1860, os engenheiros ergueram metade de um quarteirão da cidade: quase 4 mil metros quadrados de prédios de cinco andares, pesando cerca de 35 mil toneladas, foram erguidos por mais de 6 mil macacos de rosca. Outras estruturas tiveram de ser erguidas e transportadas a fim de abrir espaço para os esgotos: "Nenhum dia se passou durante minha estada na cidade sem que eu visse uma ou mais casas mudando de lugar", recordou um visitante. "Um dia, foram nove. Seguindo pela Great Madison Street de carruagem, tivemos de parar duas vezes para deixar as casas atravessarem."[12]

Içamento do Briggs House – hotel de tijolos em Chicago –, cerca de 1857.

O resultado foi o primeiro sistema de esgotos aplicável a qualquer cidade americana. Em três décadas, mais de vinte cidades em todo o país seguiram o exemplo de Chicago, planejando e instalando suas próprias redes subterrâneas de esgoto.[13] Esses grandes projetos de engenharia criaram um padrão que viria a definir a metrópole do século XX: a ideia da cidade como sistema apoiado por uma rede invisível de serviços subterrâneos. O primeiro trem a vapor percorreu túneis subterrâneos de Londres em 1863. O metrô de Paris foi inaugurado em 1900, logo seguido pelo metrô de Nova York. Passarelas para pedestres, autoestradas, fios elétricos e cabos de fibra ótica formaram uma rede sob as ruas da cidade. Hoje, há um conjunto de mundos paralelos no subsolo, fornecendo suporte e energia. Agora pensamos naturalmente nas cidades em termos de horizontes que procuram alcançar o céu. Mas a grandeza das catedrais urbanas seria impossível sem o mundo oculto abaixo do solo.

De todas essas conquistas, mais do que os trens do metrô e os cabos de internet de alta velocidade, o mais essencial e mais facilmente esquecido é o pequeno milagre que os sistemas de esgoto ajudaram a tornar possível: desfrutar um copo de água potável diretamente da torneira. Apenas 150 anos atrás, em cidades ao redor do mundo, a água potável era uma roleta-russa. Quando pensamos nos assassinos que marcaram o urbanismo do século XIX, nos lembramos naturalmente de Jack o Estripador assombrando as ruas de Londres. Mas os verdadeiros assassinos da cidade vitoriana eram as doenças geradas pela água contaminada.

Esse foi – literalmente – o furo fatal no plano de Chesbrough para o esgoto de Chicago. Ele concebeu uma estratégia brilhante para afastar os resíduos das ruas, das latrinas e das adegas da vida cotidiana, mas quase todos os tubos de esgoto escoavam para o rio Chicago, que deságua no lago Michigan, a principal fonte de água potável da cidade. No início dos anos 1870, o abastecimento de água da cidade tornara-se tão terrível que era normal uma pia ou banheira se encher de peixes mortos, envenenados pela imundície humana antes de serem captados pelas tubulações de água. Nos meses de verão, segundo um observador, os peixes "saíam cozidos, e as banheiras podiam ser cheias com o que os cidadãos mais melindrosos chamavam de sopa".[14]

O romance *The Jungle*, de Upton Sinclair, em geral é considerado a obra literária mais influente na tradição do ativismo político mais radical. Parte da força do livro vem da crueza explícita de suas palavras, nas imagens da imundície da Chicago da virada do século em aflitivos detalhes, como em sua descrição do Bubbly Creek [Ribeirão Ebuliente], um riacho que saía do rio Chicago:

> A graxa e os produtos químicos despejados no rio passam por todos os tipos de transformações estranhas, que são a causa do seu nome; a água está em constante movimento, como se enormes peixes estivessem se alimentando, ou grandes leviatãs se divertissem em suas profundezas. Bolhas de gás carbônico sobem à superfície e estouram, formando anéis de quase um metro de largura. Aqui e ali, a graxa e a imundície se solidificaram, e o riacho parece

um leito de lava; galinhas andam sobre ele, ciscando, e muitas vezes um incauto estrangeiro tenta atravessar a pé, desaparecendo temporariamente.[15]

A experiência de Chicago foi replicada em todo o mundo: esgotos removiam dejetos humanos dos porões e quintais das pessoas, mas na maioria das vezes simplesmente eram jogados nas fontes de suprimento de água potável, diretamente, como no caso de Chicago, ou indiretamente, pelas chuvas torrenciais. Fazer projetos para galerias de esgoto e tubulações de água na escala da cidade não era por si só suficiente para a tarefa de manter a grande cidade limpa e saudável. Nós também precisávamos entender o que estava acontecendo na escala dos microrganismos. Precisávamos de uma teoria que ligasse os germes à doença – e precisávamos impedir que esses germes nos prejudicassem.

Operários trabalham na Metropolitan Line do metrô, sob as obras da estação King's Cross, em Londres.

Quando se olha para trás, para a reação inicial da comunidade médica à teoria dos germes, a resposta parece mais que cômica. A questão foi simplesmente ignorada. É bem conhecida a história do médico húngaro Ignaz Semmelweis, duramente ridicularizado e criticado pelas autoridades médicas ao propor pela primeira vez, em 1847, que os médicos e cirurgiões lavassem as mãos antes de atender os pacientes. (Demorou quase meio século para que comportamentos antissépticos básicos fossem adotados pela comunidade médica, muito depois de Semmelweis ter perdido o emprego e morrido em um asilo de loucos.) Bem menos conhecido é o fato de que Semmelweis baseou seu argumento inicial em estudos sobre a febre puerperal (ou "de parto"), da qual as novas mães morrem logo após o parto.

Trabalhando no Hospital Geral de Viena, Semmelweis deparou com um experimento natural alarmante: o hospital contava com duas maternidades, uma para atender bem, com a participação de médicos e estudantes de medicina, e outra para a classe trabalhadora, que recebia os cuidados de parteiras.[16] Por alguma razão, as taxas de mortalidade por febre puerperal eram muito mais baixas na ala da classe trabalhadora. Depois de investigar os dois ambientes, Semmelweis descobriu que os médicos da elite e seus alunos alternavam-se entre partos e pesquisas em cadáveres no necrotério. Estava claro que algum tipo de agente infeccioso era transmitido dos cadáveres para as mães. Com uma simples aplicação de um desinfetante, como limão com cloro, o ciclo de infecção poderia ser interrompido.

É provável que não haja exemplo mais surpreendente de quanto as coisas mudaram em nossa compreensão da higiene ao longo do último século e meio. Semmelweis foi ridicularizado e demitido não só por se atrever a propor que os médicos lavassem as mãos; ele foi ridicularizado e demitido por propor que os médicos lavassem as mãos *se quisessem fazer partos e dissecar cadáveres na mesma tarde.*

Esse é um caso em que nosso senso comum básico está muito longe do que parecia razoável para nossos antepassados do século XIX. De muitas maneiras, eles pareciam ser e agir como pessoas modernas: tomavam trens, agendavam reuniões e comiam em restaurantes. Mas, em algumas ocasiões, estranhas lacunas se abrem entre nós e eles, não apenas as óbvias lacunas da sofisticação tecnológica, mas algumas mais sutis e conceituais. No mundo de hoje, vemos a higiene de uma forma radicalmente diferente. O conceito de tomar banho, por exemplo, era estranho para a maioria dos europeus e americanos do século XIX. Você pode pensar que tomar banho era um conceito estranho simplesmente porque as pessoas não tinham acesso a água corrente e canalização nem possuíam chuveiros em casa, como a maioria de nós possui hoje no mundo desenvolvido. Na verdade, a história é muito mais complicada que isso. Na Europa, desde a Idade Média e durante quase todo o período até o século XX, o preceito predominante em termos de higiene era que submergir o corpo na água era uma coisa insalubre, até perigosa. Supostamente, tapar os poros com sujeira e óleo era uma proteção contra as doenças. "Banho enche a cabeça de vapores", aconselhava um médico francês em 1655. "É um inimigo dos nervos e dos ligamentos, que o banho afrouxa, de tal forma que muitos homens nunca sofrem de gota a não ser quando tomam banho."[17]

Podemos ver a força desse preconceito com mais clareza nas crônicas da realeza durante os anos 1600 e 1700 – em outras palavras, justamente as pessoas que tinham dinheiro para projetar e construir salas de banho sem pensar duas vezes. Elizabeth I dava-se ao trabalho de tomar banho uma vez por mês, e era uma verdadeira aberração em termos de higiene, em comparação com seus pares. Quando criança, Luís XIII tomou o primeiro banho aos sete anos. Entrar nu numa piscina cheia d'água não era algo que europeus civilizados fizessem; era uma tradição bárbara dos balneários do Oriente Médio, e não da aristocracia de Paris ou de Londres.[18]

Devagar, a partir do início do século XIX, essa atitude começou a mudar, sobretudo na Inglaterra e nos Estados Unidos. Charles Dickens construiu um sofisticado chuveiro de água fria em sua casa em Londres, e foi um grande defensor das virtudes higiênicas e energéticas de um banho de chuveiro diário. Um gênero menor de livros de autoajuda e panfletos ensinava as pessoas a tomar banho, com instruções tão detalhadas que hoje parecem ensinar alguém a pousar um 747. Na peça *Pigmalião*, de Bernard Shaw, uma das primeiras atitudes do professor Higgins na transformação de Eliza Doolittle é colocá-la numa banheira. ("Você quer que eu entre aí e me molhe toda?", ela protesta. "Eu não. Eu não quero morrer.")

Harriet Beecher Stowe e sua irmã Catharine Beecher apregoavam uma ablução diária em seu influente manual *The American Woman's Home*, publicado em 1869.[19] Reformadores começaram a construir banhos públicos e chuveiros em favelas urbanas em todo o país. "Nas últimas décadas do século", escreve a historiadora Katherine Ashenburg, "a higiene estava firmemente ligada não só à religiosidade, mas também ao estilo de vida americano."[20]

As virtudes da higiene pessoal não eram evidentes por si sós, da forma como as vemos hoje. Tiveram de ser descobertas e promovidas, principalmente por meio dos veículos de reforma social e do boca a boca. Curiosamente, fala-se pouco sobre o sabonete no processo de popularização do banho no século XIX. Já foi muito difícil convencer as pessoas de que a água não iria matá-las. (Como veremos, quando o sabonete afinal entrou em voga, no século XX, seria impelido por outra nova convenção: a publicidade.) Mas os arraigados defensores dos banhos foram apoiados pela convergência de vários avanços científicos e tecnológicos importantes. Progressos na infraestrutura pública possibilitaram que mais pessoas tivessem água encanada nas casas para encher as banheiras; a água era mais limpa do que décadas antes; e, o mais importante, a teoria dos germes deixou de ser uma ideia marginal para se tornar consenso científico.

Esse novo paradigma foi conquistado por meio de duas linhas paralelas de investigações. Primeiro, houve o trabalho do detetive epidemiológico John Snow, em Londres, ao mapear as mortes de uma epidemia no Soho, mostrando pela primeira vez que o cólera era causado por água contaminada, e não por cheiros miasmáticos. Snow jamais conseguiu ver a bactéria que provoca o cólera. Era quase impossível ver os organismos com a tecnologia dos microscópios da época (Snow os chamava de "animálculos"), por serem muito pequenos. Mas ele conseguiu detectar os organismos indiretamente, pela distribuição das mortes nas ruas de Londres. A teoria de Snow sobre a transmissão da doença pela água seria o primeiro golpe decisivo no paradigma do miasma, apesar de ele não ter vivido para ver o triunfo de sua teoria. Depois de sua morte prematura, em 1858, *The Lancet* publicou um obituário conciso, sem nenhuma referência a seu inovador trabalho epidemiológico. Em 2014, a revista publicou a "correção" um pouco atrasada de seu obituário, detalhando as contribuições originais do médico de Londres para a saúde pública.

Cartaz publicado pelo Conselho Central
para Educação em Saúde (1927-1969), 1955.

A síntese moderna que viria substituir a hipótese do miasma – que doenças como cólera e febre tifoide são causadas não pelo cheiro, mas por organismos invisíveis que se desenvolvem na água contaminada – firmou-se afinal, mais uma vez, graças a uma inovação no vidro. No início dos anos 1870, os artesãos alemães da fábrica de lentes Zeiss começaram a produzir novos microscópios – dispositivos que, pela primeira vez, foram construídos a partir de fórmulas matemáticas descrevendo o comportamento da luz. Essas novas lentes possibilitaram o trabalho microbiológico de cientistas como Robert Koch, um dos primeiros cientistas a identificar a bactéria do cólera. (Depois de receber o Prêmio Nobel por seu trabalho, em 1905, Koch escreveu a Carl Zeiss: "Devo grande parte do meu sucesso a seus excelentes microscópios."[21]) Como seu grande rival Louis Pasteur, Koch e seus microscópios ajudaram a desenvolver e a divulgar a teoria dos germes. Do ponto de vista tecnológico, o grande avanço do século XIX na saúde pública – o conhecimento de que germes invisíveis podem matar – foi uma espécie de trabalho de equipe envolvendo mapas e microscópios.

Hoje, Koch é merecidamente famoso pelos inúmeros microrganismos que identificou com essas lentes Zeiss. Mas sua pesquisa também levou a uma descoberta secundária, também importante, embora menos amplamente reconhecida. Koch não apenas *viu* as bactérias, ele também desenvolveu sofisticadas ferramentas para *medir* a densidade de bactérias em certa quantidade de água. Quando misturou água contaminada com gelatina transparente, observou o crescimento de colônias de bactérias sobre uma placa de vidro. Koch estabeleceu uma unidade de medida que podia ser aplicada a qualquer quantidade de água – se tivesse menos de cem colônias por mililitro, era considerada segura para beber.[22]

Novas formas de medição criam novas maneiras de fazer. A capacidade de medir o teor de bactérias permitiu um novo conjunto de abordagens para enfrentar os desafios da saúde pública. Antes da adoção dessas unidades de medida, era preciso testar as melhorias de um sistema de água à maneira antiga: construir um novo esgoto, reservatório ou tubulação, e esperar para ver se menos pessoas morriam. Mas a capacidade de colher uma amostra de água e determinar empiricamente se ela estava livre de

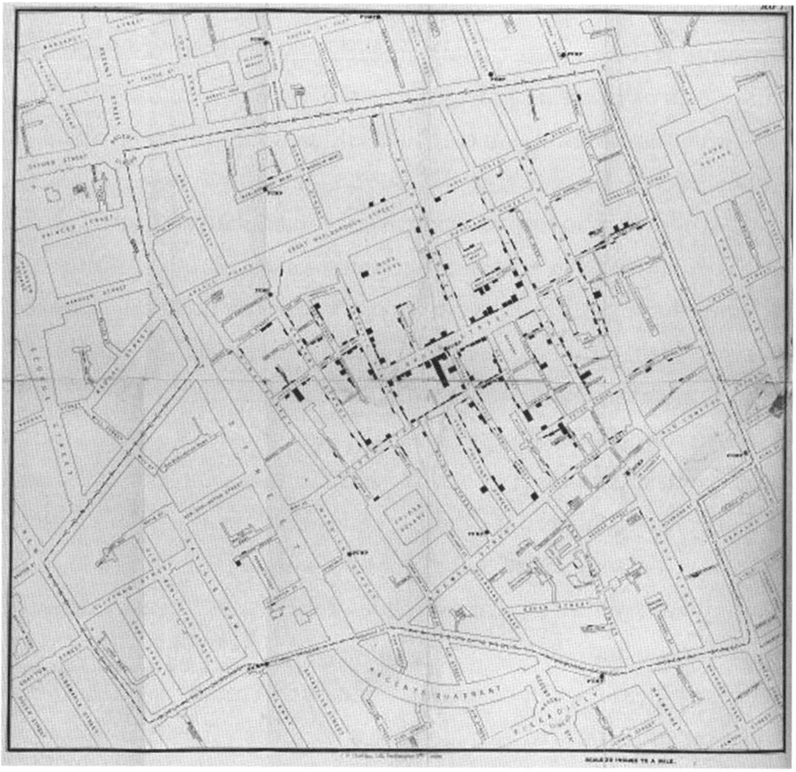

Mapa do cólera no Soho, de John Snow.

contaminação significava que os ciclos de experimentação podiam ser muitíssimo acelerados.

Os microscópios e as mensurações logo abriram uma nova frente na guerra contra os germes. Em vez de combatê-los indiretamente, afastando os resíduos da água potável, novos produtos químicos podiam ser usados para atacar diretamente as bactérias. Um dos importantes soldados nessa segunda frente de combate foi um médico de Nova Jersey chamado John Leal. Assim como John Snow, Leal era um médico que tratava de pacientes, mas também tinha um interesse apaixonado por questões mais amplas de saúde pública, em particular aquelas relativas à contaminação da água. O seu interesse nascera de uma tragédia pessoal: seu pai tinha sofrido uma lenta e dolorosa morte ao beber água infestada de bactérias durante a Guerra Civil.[23] A experiência do pai de Leal na guerra nos fornece um convincente retrato estatístico da ameaça representada pela água contaminada e outros riscos à saúde durante o período. Dezenove homens no 144º Regimento morreram em combate, enquanto 178 morreram de doença durante a guerra.

Leal experimentou muitas técnicas para matar bactérias, mas no início de 1898 um veneno em particular começou a despertar seu interesse: o hipoclorito de cálcio, produto químico potencialmente letal, mais conhecido como cloro, também chamado naquele tempo de "cloreto de cal". A química já tinha grande circulação como remédio para a saúde pública. Casas e bairros que sofriam um surto de febre tifoide ou cólera eram rotineiramente desinfetados com substâncias químicas, intervenção que não fazia nada para combater as doenças causadas pela água. Mas a ideia de colocar cloro na água ainda não tinha sido pensada.

Para os habitantes de todas as cidades dos Estados Unidos e da Europa, o cheiro forte e acre do cloreto de cal estava indelevelmente associado a doenças epidêmicas. Decerto não era um cheiro que alguém gostaria de sentir na água potável. A maioria dos médicos e autoridades de saúde pública rejeitou o procedimento. Um conhecido químico protestou: "A própria ideia de desinfecção química é repelente." No entanto, armado de ferramentas que lhe permitiam ver os patógenos por trás de doenças como febre tifoide e disenteria, e medir sua presença global na água, Leal convenceu-se de que o cloro – na dosagem certa – livraria a água das bactérias de forma mais eficaz que qualquer outro meio, sem qualquer ameaça para os homens que a bebessem.

Leal acabou conseguindo um emprego na companhia de fornecimento de água de Jersey City, onde passou a supervisionar 7 bilhões de galões de água potável retirados da bacia do rio Passaic. Esse novo trabalho preparou o terreno para uma das intervenções mais bizarras e ousadas da história da saúde pública. Em 1908, a companhia estava atolada em uma prolongada batalha legal sobre contratos (no valor de centenas de milhões de dólares em valor atual) referentes a reservatórios e tubulações de abastecimento de água então recentemente concluídos. O juiz do caso criticou a empresa por não fornecer uma água "pura e saudável", e ordenou a construção de dispendiosas galerias adicionais de esgoto para manter os patógenos longe da água potável da cidade. Mas Leal sabia que as galerias de esgoto teriam uma eficácia limitada, principalmente durante grandes tempestades. Por isso, resolveu submeter seus recentes experimentos com cloro a um teste final.

Em sigilo quase total, sem qualquer permissão das autoridades governamentais (e sem aviso prévio ao público em geral), Leal decidiu adicionar cloro aos reservatórios de Jersey City. Com a ajuda do engenheiro George Warren Fuller, Leal construiu e instalou um "sistema de alimentação de cloreto de cal" para o reservatório de Boonton, fora de Jersey City. Aquele foi um risco tremendo, dada a oposição popular à filtragem química. Mas as decisões do tribunal tinham limitado drasticamente seu cronograma, e ele sabia que testes de laboratório não fariam sentido para uma audiência leiga. "Leal não tinha tempo para um estudo-piloto. E sem dúvida não tinha tempo para construir uma demonstração em escala para testar a nova tecnologia", escreveu Michael J. McGuire em seu relato *The Chlorine Revolution*. "Se o sistema de alimentação do cloreto de cal perdesse o controle da quantidade do produto químico aplicado, e uma amostra com alto cloro residual chegasse a Jersey City, Leal saberia que o sucesso do processo estava comprometido."[24]

Essa foi a primeira cloração em massa do abastecimento de água de uma cidade na história. Quando o fato se tornou público, porém, logo pensaram que Leal era um louco ou uma espécie de terrorista. Afinal, tomar alguns copos de hipoclorito de cálcio podia ser letal. No entanto, ele tinha feito muitas experiências, e sabia que quantidades muito pequenas da mistura eram inofensivas para os seres humanos, ainda que fatais para muitas formas de bactérias. Três meses depois de sua experiência, Leal foi chamado a comparecer ao tribunal a fim de defender suas ações. Durante todo o interrogatório, ele manteve-se firme na defesa de sua descoberta em saúde pública:

> PERGUNTA – Doutor, o senhor pode mencionar alguns outros lugares do mundo em que essa experiência tenha sido testada da mesma forma, colo-

cando-se esse pó de branqueamento na água potável de uma cidade de 200 mil habitantes?

RESPOSTA – De 200 mil habitantes? Em nenhum lugar no mundo, isso nunca foi testado antes.

PERGUNTA – Isso nunca foi feito?

RESPOSTA – Não nessas condições ou nessas circunstâncias, mas isso será usado muitas vezes no futuro.

PERGUNTA – Jersey City foi a primeira cidade?

RESPOSTA – A primeira a lucrar com isso.

PERGUNTA – Jersey City foi a primeira a ser usada para provar se sua experiência é boa ou ruim?

RESPOSTA – Não, senhor, a lucrar com ela. O experimento acabou.

PERGUNTA – O senhor notificou a cidade de que iria testar esse experimento?

RESPOSTA – Não.

PERGUNTA – O senhor bebe essa água?

RESPOSTA – Sim, senhor.

PERGUNTA – O senhor chegou a hesitar em oferecer essa água à sua esposa e à sua família?

RESPOSTA – Eu acredito que seja a água mais segura no mundo.

No fim, o processo judicial foi resolvido com uma vitória quase completa de Leal. "Eu vou averiguar e fazer um relatório", escreveu o perito especial do caso, "se esse processo é capaz de tornar a água fornecida a Jersey City pura e saudável, … e eficaz na remoção … de perigosos germes da água."[25] Em poucos anos, os números que validavam a ousadia de Leal tornaram-se incontestáveis: comunidades como Jersey City, que tomavam água potável clorada, tiveram reduções radicais nas doenças transmitidas pela água, como a febre tifoide.

Em certo momento, durante o interrogatório no julgamento em Jersey, o promotor acusou John Leal de estar interessado em grandes recompensas financeiras com sua inovação. "E se o experimento acabou bem", ironizou, "ora, você ganhou uma fortuna." Do banco de testemunhas, Leal interrompeu-o, dando de ombros: "Não sei de onde virá essa fortuna. Para mim não

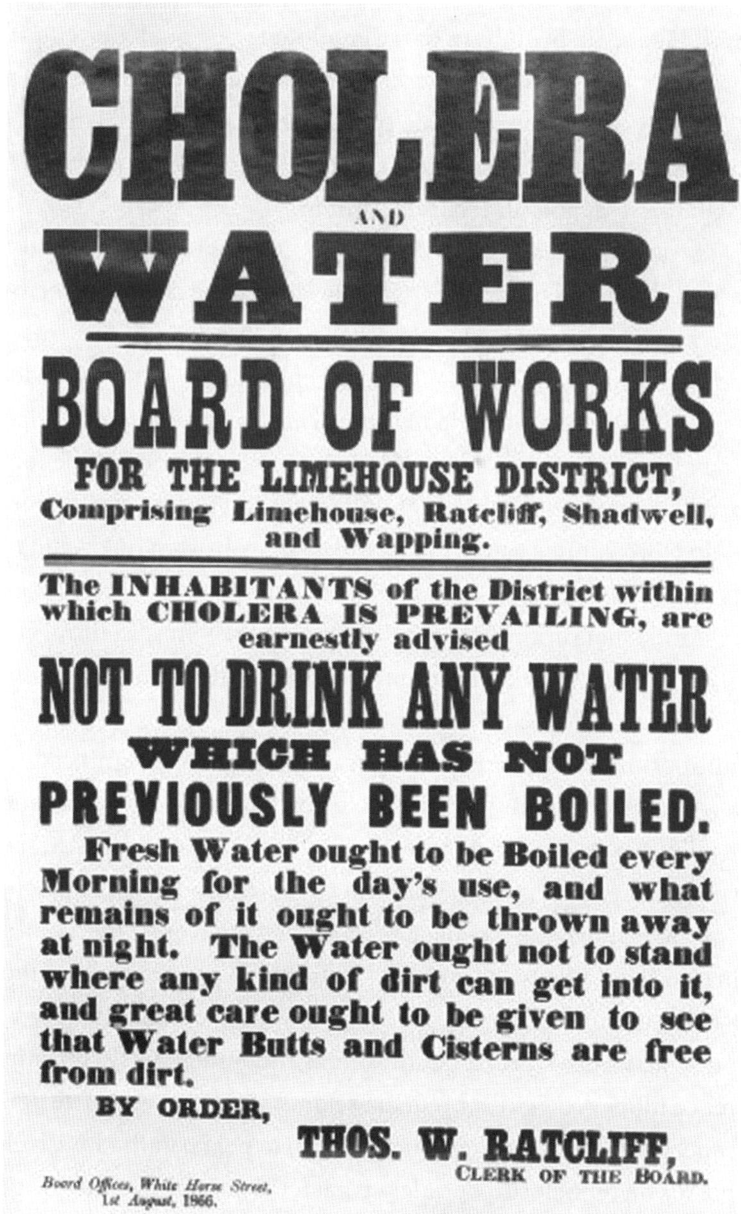

CHOLERA
AND
WATER.

BOARD OF WORKS
FOR THE LIMEHOUSE DISTRICT,
Comprising Limehouse, Ratcliff, Shadwell, and Wapping.

The INHABITANTS of the District within which CHOLERA IS PREVAILING, are earnestly advised

NOT TO DRINK ANY WATER
WHICH HAS NOT
PREVIOUSLY BEEN BOILED.

Fresh Water ought to be Boiled every Morning for the day's use, and what remains of it ought to be thrown away at night. The Water ought not to stand where any kind of dirt can get into it, and great care ought to be given to see that Water Butts and Cisterns are free from dirt.

BY ORDER,

THOS. W. RATCLIFF,
CLERK OF THE BOARD.

Board Offices, White Horse Street,
1st August, 1866.

Aviso sobre o cólera, 1866.

faz diferença."[26] Ao contrário de outros, Leal não fez qualquer tentativa de patentear a técnica de cloração de que fora o pioneiro no reservatório de Boonton. Sua ideia ficou livre para ser adotada por qualquer empresa de fornecimento que quisesse abastecer seus clientes com uma água "pura e saudável". Livres das restrições de patentes e taxas de licenciamento, logo os municípios adotavam a cloração como prática-padrão em todos os Estados Unidos, e depois ao redor do mundo.

Cerca de uma década atrás, dois professores de Harvard, David Cutler e Grant Miller, verificaram o impacto da cloração (e de outras técnicas de filtragem da água) entre 1900 e 1930, período em que foi implantada nos Estados Unidos.[27] Como havia dados extensos sobre as taxas de doenças, em especial sobre a mortalidade infantil em diferentes comunidades de todo o país – e como os sistemas de cloração foram lançados de forma escalonada –, Cutler e Miller conseguiram obter um retrato muito preciso do efeito do cloro sobre a saúde pública. Eles descobriram que a água limpa e potável reduzia em 43% a mortalidade total de uma cidade americana média. Ainda mais impressionante, o cloro e os sistemas de filtragem reduziram em 74% a mortalidade nos primeiros anos de vida, com valor quase idêntico para a redução da mortalidade infantil.

É importante fazer uma pausa para refletir sobre o significado desses números, a fim de transportá-los do estéril domínio das estatísticas de saúde pública para o reino da experiência vivida. Até o século XX, uma das incertezas de ser pai era enfrentar a alta probabilidade de que pelo menos um dos filhos morresse em idade precoce. Assim, o que talvez seja a mais lancinante experiência que podemos enfrentar – a perda de um filho – era um fato rotineiro da existência. Hoje, no mundo desenvolvido, esse fato tornou-se raridade. Um dos desafios mais fundamentais do ser humano – manter os filhos protegidos – reduzia-se drasticamente, em parte por conta de grandes projetos de engenharia, em parte pela batalha invisível entre compostos de hipoclorito de cálcio e bactérias microscópicas. As pessoas por trás dessa revolução não ficaram ricas, poucas se tornaram famosas. Mas, sob muitos aspectos, deixaram uma marca mais profunda em nossas vidas que os legados de Edison, Rockefeller ou Henry Ford.

Peitoral em ouro *cloisonné* com pedras semipreciosas e colar de vidro com escaravelho alado no centro, símbolo da ressurreição, encontrado no túmulo do faraó Tutancâmon.

A imagem mais antiga de um monge de óculos, 1342.

As meninas, de Diego Rodríguez de Silva y Velázquez.

Descoberta da gruta de Arcy-sur-Cure, na França, setembro de 1991.

Vítima do cólera

Candelabro que balança, na nave do Duomo de Pisa.

Lâmpada em forma de cálice no túmulo de Tutancâmon. O recipiente era abastecido com óleo. Quando o pavio era aceso, tornava visível uma cena com Tutancâmon e Anquesenâmon. Egito Antigo, Reino Novo, 18ª dinastia, 1333-1323 a.C.

Lâmpada primitiva de Edison, com filamento de carbono, 1897.

Cena noturna dos anos 1960, no centro de Las Vegas.

No entanto, a cloração não queria dizer apenas salvar vidas. Ela também implicou diversão. Depois da Primeira Guerra Mundial, foram abertos 10 mil banhos e piscinas públicos clorados pelos Estados Unidos. Aprender a mergulhar tornou-se um rito de passagem. Esses novos espaços públicos aquáticos foram a vanguarda que desafiou as velhas regras de decência pública durante o período entre as duas guerras. Antes do surgimento das piscinas municipais, de maneira geral as mulheres banhavam-se como se estivessem agasalhadas para um passeio de trenó. Em meados dos anos 1920, elas começaram a expor as pernas abaixo dos joelhos; alguns anos depois, o vestuário foi adaptado com decotes maiores. Trajes com abertura atrás, seguidos por maiôs de duas peças, vieram logo a seguir, na década de 1930. "Coxas, cintura, ombros, barriga, costas e colo das mulheres só foram publicamente expostos entre 1920 e 1940", escreveu o historiador Jeff Wiltse em *Contested Waters*, uma história social das piscinas.[28] Podemos avaliar essa transformação em termos de quantidade de tecido.

Na virada do século, a roupa de banho da mulher média exigia dez metros de pano para ser fabricada; até o final da década de 1930, um metro era suficiente. Tendemos a ver os anos 1960 como o período em que as mudanças de atitudes culturais geraram a mudança mais radical na moda cotidiana, mas é difícil competir com a velocidade com que o corpo feminino foi despido no período entre as guerras. É provável que a moda feminina encontrasse outro caminho para a exposição sem o aumento do número de piscinas, porém parece improvável que tivesse acontecido tão depressa.

Sem dúvida, expor coxas de banhistas do sexo feminino não estava na mira de John Leal quando ele despejou cloro no reservatório de Jersey City. Mas, assim como a asa do beija-flor, uma mudança num campo desencadeia uma mudança aparentemente não correlata em um diferente nível de existência: mata-se 1 trilhão de bactérias com hipoclorito de cálcio; de alguma forma, vinte anos depois, são reinventados comportamentos básicos de exposição do corpo da mulher. Tal como acontece com tantas mudanças culturais, não foi a prática de cloração, sozinha, que transformou a moda feminina; muitas forças sociais e tecnológicas convergiram para diminuir os maiôs, várias vertentes do feminismo precoce, o olhar fetichista das câmeras de Hollywood, para não mencionar as estrelas de cinema que usavam maiôs mais reveladores. Contudo, sem a adoção em massa da natação como atividade de lazer, essa moda teria se privado de uma de suas principais vitrines. Além disso, essas outras explicações – por mais pertinentes que sejam – em geral são as que chegam à imprensa. Pergunte a uma pessoa normal na rua que fatores determinam a moda feminina, e as respostas irão mencionar Hollywood ou revistas de moda. Quase ninguém falará do hipoclorito de cálcio.

Durante todo o século XIX, a marcha das tecnologias limpas desenvolveu-se em boa parte no terreno da saúde pública: grandes projetos de engenharia, sistemas de filtração de água em massa. Mas a história da higiene no século XX é um assunto muito mais íntimo. Poucos anos após a arrojada experiência de Leal, cinco empresários de São Francisco investiram centenas de dólares cada qual para lançar um produto à base de cloro. Vista em retrospectiva, aquela parecia uma boa ideia, mas as vendas de alvejantes tinham como objetivo a grande indústria, e elas não se desenvolveram tão rapidamente quanto os sócios esperavam. No entanto, a esposa de um dos investidores, Annie Murray, dona de uma loja em Oakland, na Califórnia, teve uma ideia: o cloro alvejante podia ser um produto revolucionário na *casa* das pessoas, não só nas fábricas. Por insistência de Annie, a empresa criou uma versão mais fraca do produto e embalou em frascos pequenos. Ela estava tão convencida do potencial do produto que distribuiu amostras grátis para todos os seus clientes da loja. Em alguns meses, aquelas garrafas vendiam loucamente. Annie Murray não sabia na época, mas estava ajudando a inventar uma nova indústria. Ela tinha criado o primeiro branqueador comercial doméstico dos Estados Unidos e a primeira de uma leva de marcas de produtos de limpeza que se tornaria onipresente no novo século: o Clorox.[29]

Garrafas de Clorox tornaram-se tão comuns que os recipientes deixados por nossas avós são usados hoje por arqueólogos para datar escavações em sítios (uma garrafa de cloro alvejante está para o início do século XX assim como a lança está para a Idade do Ferro, ou a cerâmica colonial para o século XVIII), quase sempre acompanhada por outros best-sellers em produtos de higiene doméstica: o sabonete Palmolive, o Listerine e um desodorante popular chamado Odorono. Produtos de higiene como esses estavam entre os primeiros a serem anunciados em página inteira de revistas e jornais. Nos anos 1920, os americanos eram bombardeados por mensagens comerciais tentando convencê-los de que passariam por

Anúncio de Clorox

humilhações se não fizessem algo a respeito dos germes em seus corpos ou casas. (A frase "Sempre a dama de honra, nunca a noiva" nasceu numa propaganda do Listerine de 1925.)

Quando o rádio e a televisão começaram a contar histórias, foram as empresas de higiene pessoal que mais uma vez abriram caminho para formas pioneiras de publicidade, uma jogada de marketing brilhante, que até hoje continua conosco na expressão americana *soap opera*. Esse é um dos mais estranhos efeitos beija-flor da cultura contemporânea: a teoria do germe pode ter reduzido a mortalidade infantil a uma fração dos níveis do século XIX, tornando a cirurgia e o parto muito mais seguros que nos dias do dr. Semmelweis. Mas também desempenhou papel crucial na criação da propaganda moderna.

Hoje, a indústria da higiene é estimada em US$ 80 bilhões. Ao caminharmos por um grande supermercado ou drogaria, encontramos centenas, se não milhares, de produtos dedicados a livrar nossa família de germes perigosos: produtos para pias, vasos sanitários, pisos, talheres, para os dentes e os pés. As lojas são abastecidas por gigantescos armazéns para a guerra contra as bactérias. Há os que julguem que nossa obsessão atual por limpeza pode ter ido longe demais. Algumas pesquisas sugerem que nosso mundo, cada vez mais higienizado, na verdade pode se relacionar a taxas crescentes de bronquite e alergia, pois agora o sistema imunológico infantil se desenvolve sem se expor a toda a diversidade de germes.

O CONFLITO ENTRE o homem e a bactéria ao longo dos últimos dois séculos teve consequências de longo alcance, das triviais tendências da moda na natação até incrementos existenciais de melhorias que reduziram as taxas de mortalidade infantil. Nosso crescente conhecimento das rotas microbianas de doenças possibilitou às cidades atingir limites máximos de população antes restritos a toda a civilização humana. Até 1800, nenhuma sociedade tinha construído e mantido uma cidade com mais de 2 milhões de habitantes. As primeiras cidades a romper essa barreira (Londres e Paris, seguidas de perto por Nova York) sofreram intensamente com doenças que irrompiam quando muitas pessoas compartilhavam um pequeno número de imóveis. Em meados do século XIX, muitos observadores razoáveis da vida urbana se convenceram de que as cidades não podiam ser construídas nessa escala, que Londres sofreria um inevitável colapso e se reduziria a um tamanho mais gerenciável, como havia acontecido com Roma quase 2 mil anos antes. Contudo, a resolução dos problemas da água limpa e potável e a remoção confiável de resíduos mudaram tudo isso. Cento e cinquenta anos depois de Ellis Chesbrough realizar sua primeira grande turnê pelos esgotos da Europa, cidades como Londres e Nova York chegavam a 10 milhões de habitantes, com uma expectativa de vida e taxas de doenças infecciosas muito mais baixas que suas antecedentes vitorianas.

Na verdade, o problema agora não são cidades de 2 milhões ou 10 milhões de habitantes. São megacidades, como Mumbai ou São Paulo, que em breve chegarão a 30 milhões de seres humanos ou mais, muitos deles vivendo em comunidades improvisadas – cortiços e favelas –, mais próximas da Chicago que Chesbrough teve de soerguer que de uma cidade contemporânea do mundo desenvolvido. Quando se olha apenas para a Chicago ou a Londres de hoje, a história do último século e meio parece ser de progressos incontestáveis: a água é mais limpa; as taxas de mortalidade são muito mais baixas; as doenças epidêmicas quase inexistem. Mas até hoje há mais de 3 bilhões de pessoas no mundo todo que não têm acesso a água potável e a sistemas básicos de saneamento. Em números absolutos, nós retroagimos como espécie. (Havia apenas 1 bilhão de pessoas vivas em 1850.) Por isso, a questão que se impõe é como levar a revolução da higiene para as favelas e não apenas para a Michigan Avenue.

A suposição convencional é de que essas comunidades precisam seguir o mesmo caminho cartografado por Snow, Chesbrough, Leal e todos os outros heróis anônimos da nossa infraestrutura de saúde pública: elas precisam de sanitários ligados a enormes sistemas de esgoto que eliminem os resíduos sem contaminar os reservatórios que bombearão a água filtrada, que chegará às residências por um sistema igualmente complexo. Todavia, cada vez mais cidadãos dessas novas megacidades – e outros inovadores do desenvolvimento global – começam a pensar que a história não precisa se repetir.

Por mais ousado e resoluto que tenha sido, John Leal jamais teria a oportunidade de clorar a água de Jersey City se tivesse nascido na geração anterior, simplesmente porque a ciência e a tecnologia que tornaram possível a cloração não haviam sido inventadas. Os mapas e as lentes, as substâncias químicas e as unidades de medida que convergiram na segunda metade do século XIX forneceram a plataforma para seu experimento. Podemos até dizer, sem sermos injustos, que, se Leal não tivesse transformado a cloração na prática corrente que ela se tornou, alguém teria feito o mesmo na década seguinte, se não antes.

Tudo isso leva a uma questão: se novas ideias e novas tecnologias podem criar novas soluções, assim como a teoria dos germes e o microscópio geraram a ideia do tratamento químico da água, será que não surgiram novas ideias desde os tempos de Leal que possam acionar um *novo* paradigma para manter nossas cidades limpas, talvez eliminando a fase das grandes obras de engenharia? Talvez esse paradigma possa ser um indicador que leve a um futuro que todos estamos destinados a compartilhar. Os países em desenvolvimento conseguiram superar parte da intrincada infraestrutura de linhas de telefone com fio, saltando à frente de economias mais "avançadas", baseando suas comunicações em conexões sem fio. Será que não se pode fazer o mesmo com os esgotos?

Em 2011, a Fundação Bill e Melinda Gates anunciou uma disputa para estabelecer uma mudança de paradigma na forma como pensamos os serviços de saneamento básico. Memoravelmente chamada de "Desafio para reinventar a privada", a disputa solicitou projetos para banheiros que não necessitem de ligação com o esgoto nem de eletricidade, e que custem menos de US$ 0,5 por usuário, por dia.[30] O vencedor foi um sistema de lavabo do Instituto de Tecnologia da Califórnia (Caltech) que utiliza células fotovoltaicas para alimentar um reator eletroquímico, que trata os resíduos humanos, produzindo água limpa para lavagem ou irrigação e hidrogênio, que pode ser armazenado em células de combustível. O sistema é inteiramente autossuficiente, dispensa rede elétrica, tubulação de esgoto ou uma instalação de tratamento. A única substância que o banheiro exige, além de luz solar e resíduos humanos, é sal de mesa, que é oxidado para produzir cloro a fim de desinfetar a água.

Essas moléculas de cloro talvez fossem a única parte desse banheiro que John Leal reconheceria, se pudesse vê-lo hoje. Isso porque o banheiro se baseia em novas ideias e tecnologias que se tornaram parte do possível adjacente no século XX, ferramentas que talvez nos permitam dispensar o caro trabalho intensivo de construção de gigantescos projetos de infraestrutura. Leal precisou de microscópios, da química e da teoria dos germes para sanear o abastecimento de água em Jersey City. O banheiro do Caltech precisa de combustível de células de hidrogênio, painéis solares e chips leves e baratos de computador para monitorar e regular o sistema.

Ironicamente, em parte, esses microprocessadores são eles próprios um subproduto da revolução da limpeza. Os chips de computador são criações fantásticas, intrincadas. Apesar de, em última análise, serem produto da inteligência humana, seus detalhes microscópicos são quase impossíveis de compreender. Para medi-los, precisamos ampliá-los até a escala de micrômetros, ou mícrons, um milionésimo de metro. A espessura de um cabelo humano é de cerca de uma centena de mícrons. Uma célula da nossa pele tem cerca de trinta mícrons. A bactéria do cólera tem cerca de três mícrons de diâmetro. As vias e os transistores por meio das quais a eletricidade flui em um microchip – transportando aqueles sinais que representam os 0 e 1 do código binário – podem ser tão pequenos quanto 1⁄10 de mícron. A fabricação nessa escala requer extraordinárias ferramentas de robótica e laser; não há microprocessadores artesanais.

Mas as fábricas de chips exigem ainda outro tipo de tecnologia, que normalmente não associamos ao mundo da alta tecnologia: elas precisam ser absurdamente limpas. Um grão de poeira doméstica pousando numa dessas delicadas pastilhas de silício seria comparável ao monte Everest aterrissando nas ruas de Manhattan.

Ambientes como o da fábrica de chips da Texas Instruments, nas cercanias de Austin, Texas, estão entre os lugares mais limpos do planeta. Só para entrar no espaço, você deve vestir um traje completamente limpo, e cobrir o corpo da cabeça aos pés com materiais estéreis que não soltem pelos. Há uma estranha inversão nesse processo. Em geral, quando usamos equipamentos de extrema proteção, é para nos isolar de algum tipo de

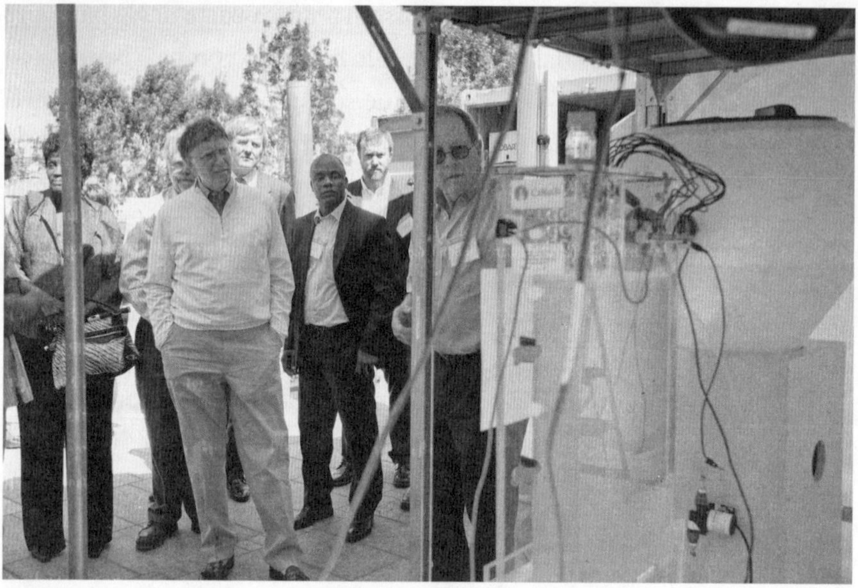

Bill Gates inspeciona o trabalho vencedor do "Desafio para reinventar a privada", em 2011.

ambiente hostil: frio intenso, patógenos, o vácuo do espaço. Nesse recinto imaculado, o traje é projetado para proteger o espaço de *nós*. Nós somos o patógeno ameaçando os valiosos recursos dos chips de computador à espera de nascer, nós, os folículos de cabelo e as camadas de epiderme e muco que pululam ao nosso redor. Do ponto de vista do microchip, cada ser humano é um chiqueirinho, uma nuvem de pó e sujeira. Se você se lavar para entrar nessa sala limpa, não pode nem usar sabonete, pois a maioria tem fragrâncias que emitem potenciais contaminantes. Até o sabonete é muito sujo para um recinto imaculado.

Há uma estranha simetria nesse recinto tão limpo que nos leva de volta aos pioneiros que lutaram para purificar a água potável de suas cidades, Ellis Chesbrough, John Snow, John Leal. A produção de microchips também requer grandes quantidades de água, mas é uma água radicalmente diferente daquela que bebemos da torneira. Para evitar impurezas, as fábricas de chips criaram H_2O pura, uma água filtrada não só de qualquer contaminação bacteriana, mas também de todos os minerais, sais e íons aleatórios que compõem a água filtrada normal. Isenta de todos os "contaminantes" extras, a água ultrapura, como é chamada, é o solvente ideal para os microchips. A falta desses elementos, contudo, também torna a água ultrapura impotável para os seres humanos. Se tomarmos um copo dessa coisa, ela vai sugar minerais do nosso organismo. Esse é o ciclo completo de limpeza: algumas das ideias brilhantes em ciência e engenharia do século XIX nos ajudaram a purificar uma água que era muito suja para beber. E agora, 150 anos depois, criamos uma água *limpa demais* para ser bebida.

Quando se está num recinto tão limpo, os pensamentos se voltam naturalmente para os esgotos que se encontram sob as ruas das nossas cidades, os dois extremos polares da história da higiene. Para construir o mundo moderno, tivemos de criar um espaço inimaginavelmente repelente, um rio subterrâneo de imundície, e isolá-lo da vida cotidiana. Ao mesmo tempo, para fazer a revolução digital, tivemos de criar um ambiente hiperlimpo, e mais uma vez isolá-lo da vida cotidiana. Como nunca visitamos esses ambientes, eles não se fixam na nossa consciência. Celebramos as coisas que eles tornaram possíveis – arranha-céus e computadores cada vez mais poderosos –, mas não os esgotos e os recintos imaculados. Contudo, os resultados práticos estão em todos os lugares ao nosso redor.

Interior da Texas Instruments

5. Tempo

Em outubro de 1967, um grupo de cientistas de todo o mundo reuniu-se em Paris para a Conferência Geral de Pesos e Medidas.[1] Se você já teve a questionável sorte de assistir a uma conferência acadêmica, provavelmente faz ideia de como elas são: artigos são apresentados, juntamente com uma série interminável de painéis de debate, intercalados por ocasionais contatos profissionais durante o café; há fofocas e brigas internas no bar do hotel durante a noite; todo mundo se diverte bastante, mas não se faz muita coisa. No entanto, a Conferência Geral de Pesos e Medidas quebrou essa tradição. Em 13 de outubro de 1967, os participantes concordaram em mudar a própria definição de tempo.

Durante quase toda a história da humanidade, o tempo foi calculado seguindo os ritmos dos corpos celestes. Nosso sentido de tempo girava em torno do Sol, como a própria Terra. Os dias eram definidos pelo ciclo do nascer e do pôr do sol; os meses, pelos ciclos da Lua; os anos, pelos ritmos lentos porém previsíveis das estações do ano. Durante quase esse tempo todo, claro que interpretávamos mal o que causava esses padrões, supondo que o Sol girava em torno da Terra, e não o inverso. Aos poucos fomos construindo ferramentas para medir o fluxo do tempo de modo mais previsível: relógios de sol para acompanhar a passagem do dia; observatórios celestes como o de Stonehenge para acompanhar marcos sazonais, como o solstício de verão. Começamos a dividir o tempo em unidades mais curtas – segundos, minutos, horas. Muitas dessas unidades tinham como referência um sistema de contagem de base doze, transmitido dos antigos egípcios e sumérios. O tempo foi definido por uma divisão gradual: um minuto era $1/60$ de uma hora, e uma hora equivalia a $1/24$ do dia. Um dia era simplesmente o tempo passado entre os dois momentos em que o Sol estava mais alto no céu.

Mais ou menos de sessenta anos para cá, enquanto nossas ferramentas de medição do tempo ganhavam mais precisão, começamos a notar falhas nesse metrônomo celeste. O relógio do céu acabou se tornando, digamos, um pouco vacilante. E foi isso que a Conferência Geral de Pesos e Medidas se propôs abordar em 1967. Já que desejávamos ser mais precisos com nossas medições de tempo, precisávamos trocar a imensa entidade do sistema por outra menor.

Considerado apenas uma atração turística, o Duomo de Pisa costuma ser ofuscado por seu vizinho mais famoso e inclinado, mas a catedral de mil anos, de pedra branca brilhante e fachada de mármore, em muitos aspectos é uma estrutura mais impressionante que o campanário oblíquo a seu lado. Posicione-se na base da nave e olhe para cima em direção ao mosaico do século XIV no teto da capela-mor, e você pode recriar um momento de abstração enlevada que acabaria por transformar nossa relação com o tempo. Suspensa no teto há uma coleção de candelabros. Agora eles estão imóveis, mas diz a lenda que, em 1583, um estudante de dezenove anos da Universidade de Pisa estava na catedral e, enquanto sonhava acordado no banco da igreja, viu um dos candelabros balançar para a frente e para trás. Enquanto seus concentrados colegas recitavam o Credo Niceno a seu lado, o estudante ficou quase hipnotizado pelo movimento regular do lustre. Independentemente do trajeto da oscilação, o candelabro parecia levar o mesmo tempo para ir e voltar. Quando a trajetória do arco diminuía, a velocidade do lustre diminuía também. Para confirmar suas observações, o estudante mediu o balanço das velas com o único relógio de confiança que conseguiu encontrar, seu próprio pulso.[2]

A maioria dos jovens de dezenove anos pensaria em maneiras menos científicas de se distrair enquanto assistia à missa, mas acontece que aquele calouro da faculdade era Galileu Galilei. Não admira que Galileu estivesse sonhando acordado com o tempo e seu ritmo: seu pai era um

Calendário nundinal, Roma. Os antigos etruscos desenvolveram uma semana de oito dias de mercado, conhecida como ciclo nundinal, por volta do século VIII ou VII a.C.

teórico da música e tocava alaúde. Em meados do século XVI, tocar um instrumento era uma das atividades mais precisas na cultura do dia a dia. (O termo "tempo" musical vem da palavra italiana para tempo cronológico, como em português.) Na época de Galileu, contudo, não havia máquinas que mantivessem um ritmo confiável – o metrônomo só seria inventado alguns séculos depois. Então, ver o candelabro balançar para a frente e para trás com tal regularidade plantou a semente de uma ideia na cabeça do jovem Galileu. Como costuma ser o caso, no entanto, levaria décadas para a semente florescer e gerar algo útil.

Galileu passou os vinte anos seguintes dando aulas de matemática, fazendo experiências com telescópios e mais ou menos inventando a ciência moderna, mas conseguiu manter viva em sua memória a imagem do lustre balançando na catedral. Cada vez mais obcecado com a ciência da dinâmica – o estudo de como os objetos se movem no espaço –, ele decidiu construir um pêndulo que recriasse o que havia observado no Duomo de Pisa tantos anos antes. Ele descobriu que o tempo que um pêndulo leva para oscilar não depende do tamanho do arco ou da massa do objeto que balança, mas do comprimento da corda. "A maravilhosa propriedade do pêndulo", escreveu a um colega, o cientista Giovanni Battista Baliani, "é fazer todas as oscilações, grandes ou pequenas, em tempos iguais."[3]

Em tempos iguais. Na época de Galileu, qualquer fenômeno natural ou qualquer dispositivo mecânico que mostrasse essa precisão rítmica ia parecer miraculoso. A maioria das cidades italianas desse período tinha relógios mecânicos grandes e pesados, que mais ou menos marcavam a hora certa, porém precisavam ser acertados constantemente segundo leituras do relógio de sol, ou poderiam atrasar até vinte minutos por dia. Em outras palavras, o máximo da tecnologia de cronometragem só conseguia ser precisa na escala de *dias*. A ideia de um relógio que marcasse o *segundo* era absurda.

Absurda e aparentemente desnecessária. Assim como o comércio de gelo de Frederic Tudor, aquela era uma inovação que não tinha um mercado natural. Não era possível medir o tempo com precisão em meados do século XVI, mas ninguém realmente notava, pois não havia necessidade de uma fração de segundo de precisão. Não havia ônibus para embarcar, programas de TV a que assistir ou teleconferências para participar. Se você soubesse mais ou menos que horas eram, já dava para se virar muito bem.

A necessidade da precisão de uma fração de segundo não se originaria no calendário, mas nos mapas. Afinal, estávamos na primeira grande era da navegação mundial. Inspirados por Cristóvão Colombo, navios viajavam para o Extremo Oriente e para as Américas recém-descobertas, com vastas fortunas aguardando os que navegassem os oceanos com sucesso. (Assim como a morte quase certa esperava os que se perdiam.) Mas os marinheiros não tinham como determinar a longitude no mar. Era possível aferir a latitude olhando para o céu. Contudo, antes da tecnologia moderna de navegação, a única maneira de calcular a longitude de um navio envolvia dois relógios. Um deles definia a hora exata no ponto de origem (supondo que você soubesse a longitude desse local), e o outro registrava a hora atual de sua posição no mar. A diferença entre as duas marcações indicava a posição longitudinal: cada quatro minutos de diferença eram traduzidos para um grau de longitude, ou 68 milhas marítimas no equador.

Com o céu aberto, era fácil acertar o relógio do navio com leituras precisas da posição do Sol. O problema era o relógio no porto de partida. Com a tecnologia de cronometragem perdendo ou ganhando até vinte minutos por dia, o relógio se tornava praticamente inútil no segundo dia da jornada. Por toda a Europa, recompensas foram oferecidas para quem resolvesse o problema da longitude no mar. Felipe III da Espanha ofereceu uma pensão vitalícia em ducados, enquanto o famoso Prêmio da Longitude na Inglaterra prometeu mais de US$ 1 milhão em moeda atual.

Galileu Galilei

A urgência do problema – e as recompensas para resolvê-lo – fez Galileu pensar novamente no "tempo igual" que havia nutrido sua imaginação pela primeira vez aos dezenove anos. Suas observações astronômicas haviam sugerido que os eclipses regulares das luas de Júpiter poderiam ser úteis para os navegadores manterem a hora certa no mar, mas o método desenvolvido por Galileu foi muito mais complicado (e não tão preciso quanto ele esperava). Por isso ele voltou uma última vez ao pêndulo.[4]

Depois de 58 anos de preparação, seu lento palpite sobre a "propriedade mágica" do pêndulo afinal começou a tomar forma. A ideia se encontrava no ponto de interseção de várias disciplinas e interesses: a lembrança de Galileu do lustre no Duomo, seus estudos do movimento e das luas de Júpiter, o surgimento de uma indústria de navegação global e a nova demanda por relógios que medissem o segundo. Física, astronomia, navegação marítima e os devaneios de um estudante universitário, todas essas diferentes tendências convergiram na mente de Galileu. Ajudado pelo filho, ele começou a elaborar planos para o primeiro relógio de pêndulo.

No final do século seguinte, o relógio de pêndulo se tornaria comum em toda a Europa, particularmente na Inglaterra – em locais de trabalho, praças, até em casas mais prósperas. O historiador britânico E.P. Thompson, em brilhante ensaio sobre tempo e industrialização publicado nos anos 1960, observou que, na literatura do período, um dos sinais de que uma pessoa tinha ascendido um ou dois degraus na escada socioeconômica era a aquisição de um relógio de bolso. Mas esses novos relógios não eram apenas acessórios de moda. Cem vezes mais precisos que seus antecessores – atrasando ou adiantando só um minuto ou mais por semana –, o relógio de pêndulo gerou uma mudança na percepção do tempo que ainda hoje preservamos.

Quando pensamos sobre a tecnologia que criou a Revolução Industrial, naturalmente evocamos os estrondosos motores e os teares a vapor. Mas, sob a cacofonia dos moinhos, um som mais suave, porém igualmente importante, estava em todos os lugares: o tique-taque dos relógios de pêndulo marcando o tempo com calma.

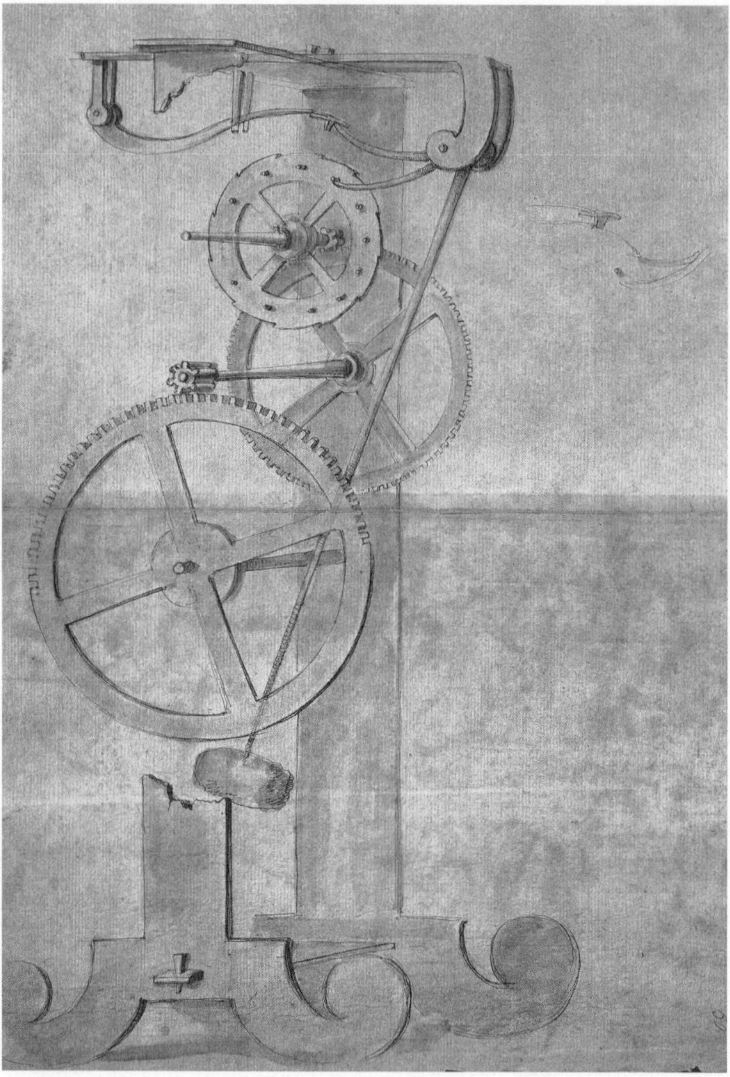

Desenho do relógio de pêndulo projetado pelo físico, matemático, astrônomo e filósofo italiano Galileu Galilei, 1638-1659.

Imagine uma alternativa histórica em que, por alguma razão, a tecnologia da cronometragem se atrasasse em relação ao desenvolvimento de outras máquinas que catalisaram a era industrial. Será que a Revolução Industrial teria acontecido? É possível montar um bom argumento e responder que não. Sem o relógio, a decolagem industrial que começou na Inglaterra em meados do século XVIII teria levado no mínimo muito mais tempo para chegar à velocidade de escape – e por várias razões. Relógios precisos, graças à sua inigualável capacidade de determinar a longitude no mar, reduziram consideravelmente os riscos das redes de transporte globais, que propiciaram aos primeiros industriais um abastecimento constante de matérias-primas e acesso a mercados externos. No final dos anos 1600 e início dos anos 1700, os relógios mais confiáveis no mundo eram fabricados na Inglaterra, e eles se mostraram muitíssimo úteis com o advento das inovações industriais, da mesma forma que a experiência na fabricação de vidro e produção de óculos abriu a porta para telescópios e microscópios. Os relojoeiros foram a vanguarda do que se tornaria a engenharia industrial.[5]

Mais que tudo, porém, a vida industrial precisava do relógio para marcar as horas e regular o novo dia de trabalho. Nas economias agrárias ou feudais mais antigas, as unidades de tempo costumavam ser definidas em termos do tempo necessário para concluir uma tarefa. O dia não era dividido em unidades abstratas, matemáticas, mas numa série de atividades: em vez de quinze

Cronômetro marítimo do Museu dos Relojoeiros em Guildhall, Londres.

minutos, o tempo era definido como o período necessário para ordenhar a vaca ou pôr sola num novo par de sapatos. Em vez de serem pagos por hora, os artesãos eram pagos por peça produzida – o que era comumente chamado de "trabalho recebido" –, e suas programações diárias eram quase comicamente desreguladas. Thompson cita o diário de um tecelão agrícola de 1782 ou 1783 como exemplo das rotinas dispersas do trabalho pré-industrial:

> Em um dia de chuva, ele teceu 7,65 metros; em 14 de outubro ele levou sua peça acabada, e por isso só teceu 4,30 metros; no dia 23 ele trabalhou até as três horas, teceu 1,80 metro antes do pôr do sol. … Além da colheita e debulha, bater manteiga, cavar e cuidar da horta, temos as seguintes anotações: "Teceu 2,28 metros, a vaca tendo bezerro exigiu muita atenção." Em 25 de janeiro ele teceu 1,80 metro, foi até a aldeia próxima e realizou "trabalhos diversos no torno e no pátio, e escreveu uma carta à noite". Outras ocupações incluem trabalhar com cavalos e carreta, colher frutas silvestres, trabalhar na represa de um moinho, participar de uma associação batista e de um enforcamento público.[6]

Tente trabalhar num escritório moderno com esse tipo de relógio. (Nem a famosa descontração do Google toleraria esse nível de excentricidade.) Para um industrial tentando sincronizar as ações de centenas de trabalhadores com a cadência mecânica das primeiras fábricas, esse ritmo de trabalho inconstante não era administrável. Por isso, a criação de uma força de trabalho industrial viável exigiu profunda reformulação da percepção humana do tempo. O fabricante de cerâmica Josiah Wedgwood, cujas fábricas de Birmingham marcaram os primórdios da Inglaterra industrial, foi o primeiro a implantar a regra do "período de trabalho" todos os dias. (A prática de "bater ponto" não teria sentido para qualquer pessoa nascida antes de 1700.) A própria noção de "pagamento por hora" – agora praticamente universal no mundo moderno – se originou no regime de trabalho da era industrial. Nesse sistema, escreve Thompson, "o empregador deve usar seu tempo de trabalho e cuidar para que não seja desperdiçado. … Tempo é agora moeda: ele não passa, é gasto".[7]

Operários batem ponto na fábrica da Ford Motor Company em Rouge, Estados Unidos.

Para as primeiras gerações que viveram essa transformação, a invenção da "disciplina do tempo" foi extremamente desorientadora. Hoje, a maioria de nós, no mundo desenvolvido – e cada vez mais no mundo em desenvolvimento –, vai se aclimatando ao regime estrito do tempo do relógio desde a tenra idade. (Assista a uma aula do jardim de infância e observe a ênfase utilizada para explicar e reforçar a programação do dia.) Os ritmos naturais de alternância entre trabalho e lazer tiveram de ser forçosamente substituídos por uma grade abstrata. Quando você passa a vida inteira dentro dessa grade, ela parece uma segunda natureza, mas quando se vive isso pela primeira vez, como os trabalhadores da Inglaterra industrial da segunda metade do século XVIII, trata-se de um choque no sistema. O relógio não foi apenas uma ferramenta para ajudar a coordenar os eventos do dia, mas foi também algo mais sinistro: o "relógio mortalmente estatístico" de Dickens em *Tempos difíceis*, "que media cada segundo com uma batida semelhante a um pancada sobre uma tampa de caixão".[8]

Naturalmente, o novo regime provocou reações. Não tanto da classe trabalhadora – que passou a operar dentro dos ditames do relógio, exigindo pagamento por horas extras ou dias de trabalho menores –, mas dos estetas. Fazia parte do ser romântico da virada do século XIX o rompimento com a crescente cultura da tirania do tempo do relógio: dormir até tarde, divagar sem rumo pela cidade, recusar-se a viver de acordo com os "relógios estatísticos" que governavam a vida econômica. Em "O prelúdio", Wordsworth anuncia sua ruptura com os "guardiões do nosso tempo":

> Os guias, os guardas de nossas faculdades
> E administradores do nosso trabalho, homens vigilantes
> e hábeis na usura do tempo,
> Sábios que, em sua presciência, controlariam
> Todos os acidentes, e à própria estrada
> que construíram nos confinariam
> como motores...

A disciplina temporal do relógio de pêndulo arrebatou o fluxo informal da experiência e o congelou numa grade matemática. Se o tempo é um rio, o relógio de pêndulo transformou-o num canal de eclusas de espaços uniformes, projetado para os ritmos da indústria. Mais uma vez, um aperfeiçoamento na nossa capacidade de medir as coisas acabou tão importante quanto nossa capacidade de fazer as coisas.

O poder de medir o tempo não foi distribuído igualmente pela sociedade. Relógios de bolso continuaram a ser artigos de luxo até meados do século XIX, quando o filho de um sapateiro de Massachusetts chamado Aaron Dennison se apropriou do novo processo de fabricação de armamentos, usando peças padronizadas e intercambiáveis, e aplicou as mesmas técnicas à relojoaria. Na época, a produção de relógios de vanguarda envolvia mais de uma centena de postos de trabalho distintos: uma pessoa fazia parafusos do tamanho de pulgas, girando um pedaço de aço num torno, outra entalhava a caixa, e assim por diante. Dennison teve uma visão de máquinas de produção em massa, com minúsculos parafusos que poderiam ser colocados em qualquer relógio do mesmo modelo e máquinas que entalhariam as caixas com velocidade e precisão.[9] Essa visão foi responsável por um ou dois processos de falência e lhe valeu o apelido de "Lunático de Boston" na imprensa local. Mas afinal, no início dos anos 1860, ele teve a ideia de fazer um relógio mais barato, sem os ornamentos das joias convencionais que tradicionalmente adornavam os relógios de bolso. Este seria o primeiro relógio produzido para o mercado de massa, e não apenas para os mais ricos.

O relógio "Wm. Ellery" de Dennison – assim chamado em homenagem a um dos signatários da Declaração de Independência, William Ellery – tornou-se um sucesso, sobretudo entre os soldados da Guerra Civil.[10] Mais de 160 mil relógios foram vendidos; até Abraham Lincoln tinha um

Retrato de Aaron Lufkin Dennison

"Wm. Ellery" e estava sempre com o relógio. Dennison transformou um artigo de luxo em artigo obrigatório. Em 1850, o relógio de bolso custava em média US$ 40; em 1878, um relógio sem enfeites de Dennison custava apenas US$ 3,50.

Com os relógios aumentando em popularidade em todo o país, o agente ferroviário de Minnesota chamado Richard Warren Sears topou com uma caixa de relógios descartados por um joalheiro local e conseguiu bom lucro vendendo-os a outros agentes de estação. Inspirado por seu sucesso, fez uma parceria com um empresário de Chicago chamado Alvah Roebuck, e juntos lançaram um folheto apresentando uma variedade de modelos de relógio: o catálogo da Sears, Roebuck. Sabe esses catálogos de sete quilos que anunciam produtos e acabam arriando sua caixa de correio? Eles começaram com uma engenhoca que todos precisavam ter no final do século XIX: o relógio de bolso do consumidor de classe.

Ao mesmo passo que Dennison começava a pensar sobre a democratização do tempo nos Estados Unidos, os relógios do período continuavam irregulares num aspecto-chave. Agora a hora *local* era marcada com precisão de segundos, desde que se consultasse um relógio público num lugar onde a disciplina do tempo fosse especialmente crucial – em cidades e vilarejos em todo o país. Mas havia, literalmente, milhares de horas locais diferentes. O tempo do relógio estava democratizado, mas ainda não fora padronizado. Graças a Dennison, os relógios estavam se difundindo depressa pelo sistema, mas cada um marcava uma hora. Nos Estados Unidos, cada cidade e vilarejo funcionavam no seu próprio ritmo independente – com relógios sincronizados de acordo com a posição do Sol no céu. Se você se dirigisse para oeste ou para leste, mesmo que poucos quilômetros, a posição em relação ao Sol resultaria numa hora diferente no relógio de sol. Você podia estar numa cidade às 6h da tarde, mas três cidades mais adiante a hora certa seria 6h05. Alguém que perguntasse as horas 150 anos atrás, receberia pelo menos 23 respostas diferentes no estado de Indiana, 27 em Michigan e 38 no Wisconsin.

Soldado desconhecido com relógio de bolso, anos 1860.

A coisa mais estranha sobre essa irregularidade é o fato de ninguém ter notado isso. Você não podia falar diretamente com alguém três cidades adiante, e levaria uma ou duas horas para chegar lá, em baixa velocidade, por estradas não confiáveis. Então, esses poucos minutos de imprecisão nos respectivos relógios de cada cidade nem sequer eram registrados. Mas quando as pessoas (e as informações) começaram a viajar mais rápido, a falta de padronização de repente se tornou um grande problema. Os telégrafos e ferrovias expuseram a falta de exatidão oculta da hora não padronizada do relógio, assim como, séculos antes, a invenção do livro evidenciou a necessidade de óculos entre a primeira geração de leitores europeus.

Trens que se deslocam de leste para oeste – longitudinalmente – viajam mais rápido que o Sol no céu. Assim, para cada hora que você viajasse de trem, era necessário acertar o relógio em quatro minutos. Além disso, cada ferrovia funcionava de acordo com seu próprio relógio, e isso significava que fazer uma viagem no século XIX exigia um formidável processamento de números. Você saía de Nova York às 8h, pelo horário de Nova York, pegava o trem das 8h05 pelo horário da Columbia Railroad e chegava a Baltimore três horas mais tarde, às 10h54 no horário de Baltimore, que era, tecnicamente falando, 11h05 no horário da Columbia Railroad, onde teria de esperar dez minutos para tomar o B&O para Wheeling, na Virginia ocidental, às 11h01, que, tecnicamente falando novamente, era o trem das 10h49, se você estivesse no horário de Wheeling, e o das 11h10 se o seu relógio ainda estivesse no horário de Nova York. O engraçado é que todos aqueles horários diferentes estavam corretos, pelo menos se fossem medidos pela posição do Sol no céu. A mesma coisa que tornou o tempo facilmente mensurável para o relógio de sol revelou-se incômoda para a estrada de ferro.

Os britânicos lidaram com esse problema padronizando o país todo pela Hora Média de Greenwich (GMT, de Greenwich Mean Time) no final dos anos 1840, sincronizando os relógios da estrada de ferro pelo telégrafo. (Até hoje, os relógios em todos os centros de controle de tráfego aéreo e cabines de voo do mundo todo seguem a hora de Greenwich; o GMT é o único fuso horário do céu.) Mas os Estados Unidos eram um país extenso demais para não ter um relógio-padrão, principalmente depois da inauguração da ferrovia transcontinental, em 1869. Com 8 mil cidades em todo o país, cada uma com seu próprio relógio, e mais de 100 mil quilômetros de ferrovias interligando-as, a necessidade de um sistema padronizado tornou-se avassaladora.

Durante várias décadas, inúmeras propostas de padronização do horário circularam nos Estados Unidos, mas nenhuma foi implantada. As dificuldades logísticas de coordenar horários e relógios eram imensas, e por algum motivo a padronização do horário parecia causar uma estranha sensação de ressentimento entre os cidadãos comuns, como se fosse um ato contra a natureza. Um jornal de Cincinnati publicou seu editorial contra o horário-padrão: "É simplesmente um absurdo. ... Deixem o povo de Cincinnati manter a verdade escrita pelo Sol, pela Lua e pelas estrelas."[11]

Os Estados Unidos permaneceram nesse impasse até o início dos anos 1880, quando um engenheiro ferroviário chamado William F. Allen apro-

Funcionário dá corda num grande relógio Dennison (operação feita uma vez por ano) no distrito de Holborn, em Londres.

priou-se da causa.[12] Como editor de um guia para horários de trem, Allen sabia por experiência própria como o sistema existente era complexo. Em uma convenção de ferrovias em St. Louis, em 1883, Allen apresentou um mapa em que propunha uma mudança de cinquenta horários de estradas de ferro diferentes para os quatro fusos horários que continuam em uso, mais de um século depois: Leste, Central, Montanha e Pacífico. Allen desenhou o mapa de modo que as divisões entre os fusos horários fizessem um leve zigue-zague para corresponder aos pontos onde as principais linhas ferroviárias se ligavam, em vez de descerem paralelas aos meridianos.

Persuadidos pelo plano de Allen, os chefes das estradas de ferro lhe deram somente nove meses para tornar sua ideia realidade. Ele lançou uma forte campanha de envio de cartas e exerceu uma série de pressões para convencer os observatórios e Câmaras de Vereadores. Foi uma campanha muito difícil, mas de alguma forma Allen conseguiu seu intento. Em 18 de novembro de 1883, os Estados Unidos viveram um dos dias mais estranhos na história do relógio, e que ficou conhecido como "o dia dos dois meios-dias".[13] O Horário Padrão do Leste (EST, na sigla em inglês), tal como definido por Allen, ficava exatamente quatro minutos atrás da hora local de Nova York. Naquele dia de novembro, os sinos das igrejas de Manhattan tocaram para anunciar o antigo meio-dia de Nova York; em seguida, quatro minutos depois, um segundo meio-dia foi anunciado por um segundo toque: o primeiro 12h p.m., EST. O segundo meio-dia foi transmitido a todo o país via telégrafo, para que as linhas ferroviárias e praças das cidades sincronizassem seus relógios por todo o trajeto até o Pacífico.

No ano seguinte, o GMT foi adotado como o relógio internacional (baseado em Greenwich, localizado no meridiano de referência), e o planeta inteiro foi dividido em fusos horários. O mundo começava a se libertar dos ritmos celestes do sistema solar. Consultar o Sol já não era a forma mais precisa de contar o tempo. Em vez disso, pulsos elétricos transmitidos pelos fios do telégrafo de cidades distantes mantinham nossos relógios em sincronia.[14]

Uma das estranhas propriedades da medição do tempo é não fazer parte de uma única disciplina científica. De fato, cada passo adiante na nossa capacidade de medir o tempo envolveu transferências de uma disciplina para outra. A transferência dos relógios de sol para os relógios de pêndulo baseou-se numa mudança da astronomia para a dinâmica, a física do movimento. A próxima revolução no tempo dependeria da eletromecânica. A cada revolução, no entanto, o padrão geral permanece o mesmo: os cientistas descobrem algum fenômeno natural que exibe a tendência a manter o "tempo igual" que Galileu observara nos lustres do altar, e em pouco tempo uma onda de inventores e engenheiros começa a usar esse novo ritmo para sincronizar seus dispositivos. Na década de 1880, Pierre e Jacques Curie detectaram pela primeira vez uma curiosa propriedade de certos cristais, incluindo o quartzo, o mesmo material que fora tão revolucionário para os fabricantes de vidro de Murano: sob pressão, esses cristais podem vibrar numa frequência surpreendentemente estável. (Essa propriedade veio a ser conhecida como "piezeletricidade".) O efeito é ainda mais pronunciado quando se aplica a ele uma corrente alternada ao cristal.

A notável capacidade de o cristal de quartzo se expandir e contrair em "tempo igual" foi explorada pela primeira vez por engenheiros de rádio nos anos 1920, usando essa propriedade para manter transmissões de rádio em frequências coerentes. Em 1928, W.A. Marrison, da Bell Labs, construiu o primeiro relógio que marcava o tempo a partir das vibrações regulares de um cristal de quartzo. Relógios de quartzo atrasavam ou adiantavam somente um milésimo de segundo por dia, e eram de longe menos vulneráveis a mudanças atmosféricas de temperatura ou umidade, para não falar do movimento, ao contrário dos relógios de pêndulo. Mais uma vez, a exatidão com que se media o tempo aumentou em várias ordens de grandeza.

Nas primeiras décadas após a invenção de Marrison, os relógios de quartzo tornaram-se os dispositivos oficiais de cronometragem para fins científicos ou uso industrial. A partir dos anos 1930, o horário-padrão dos Estados Unidos passou a ser mantido por relógios de quartzo. No entanto, nos anos 1970, a tecnologia barateou o suficiente para entrar no mercado de massa, e surgiram os primeiros relógios de pulso de quartzo. Hoje, quase todos os aparelhos de consumo incluem um relógio – micro-ondas, despertadores, relógios de pulso, relógios de automóveis –, todos funcionando no mesmo tempo da piezeletricidade do quartzo. Essa transformação era bastante previsível. Alguém inventa um relógio melhor, e as primeiras reproduções são muito caras para uso do consumidor. Mas o preço acaba caindo, e o novo relógio entra na vida costumeira. Não há surpresa nisso. De novo, a surpresa vem de outro lugar, de algum outro campo que não era considerado dependente do tempo. Novas formas de medição criam novas possibilidades de construção. Com o tempo do quartzo, essa nova possibilidade foi a computação.

Um microprocessador é um avanço tecnológico extraordinário em muitos níveis, mas poucos tão essenciais quanto este: os chips do computador são os mestres da disciplina do tempo. Pense na coordenação necessária de uma fábrica industrial, milhares de tarefas curtas e repetitivas, executadas numa sequência apropriada por centenas de pessoas. Um microprocessador requer o mesmo tipo de disciplina do tempo, só que as unidades coordenadas são bits de informação, em vez de mãos e corpos de trabalhadores fabris. (Quando Charles Babbage inventou o primeiro computador programável, em plena era vitoriana, ele chamou a CPU de "A Fábrica" por uma boa razão.) Só que, em vez de milhares de operações por minuto, o microprocessador executa bilhões de cálculos por segundo, enquanto embaralha informações com outros microchips na placa do circuito. Todas essas operações são coordenadas por um relógio mestre, hoje feito de quartzo, quase sem exceção. (É por isso que se fala em *overclocking* quando a pessoa configura o computador para torná-lo mais rápido do que o projeto original.) Um computador moderno é o conjunto de inúmeras tecnologias diferentes e de modos de conhecimento: a lógica simbólica das linguagens de programação, a engenharia elétrica da placa de circuito, a linguagem visual do design da interface. Contudo, sem a precisão do microssegundo de um relógio de quartzo, os computadores modernos seriam inúteis.

A precisão do relógio de quartzo fez seus antecessores de pêndulo parecer irremediavelmente erráticos, mas exerceu efeito semelhante nos verdadeiros guardiões do tempo, a Terra e o Sol. Quando começamos a medir os dias com relógios de quartzo, descobrimos que a duração calculada não era tão confiável quanto pensávamos. Os dias se encurtavam ou alongavam de maneira semicaótica, em função do empuxo das marés na superfície do planeta, do vento soprando sobre cadeias de montanhas ou do movimento interno do núcleo derretido da Terra. Se quiséssemos realmente manter o tempo exato, não poderíamos contar com a rotação da Terra. Precisávamos de um relógio melhor. O quartzo nos permitiu "ver" que o período de um dia solar não era tão regular e uniforme como supúnhamos. De certa forma, o quartzo foi um golpe mortal no Universo pré-copernicano. A Terra não era o centro do Universo e ainda por cima sua rotação não era regular o bastante para definir o dia com exatidão. Um bloco de areia vibrando podia fazer muito melhor esse trabalho.

EM ÚLTIMA ANÁLISE, medir o tempo com precisão está relacionado a descobrir – ou construir – coisas que oscilam em ritmos regulares: o Sol nascente no céu, a Lua crescente e minguante, o lustre do altar, o cristal de quartzo. A descoberta do átomo no início do século XX – realizada por cientistas como Niels Bohr e Werner Heisenberg – pôs em marcha uma série de inovações espetaculares e mortais em termos de energia e armamentos, como usinas de energia nuclear e bombas de hidrogênio. Mas a nova ciência do átomo também revelou uma descoberta menos célebre, embora igualmente importante: o oscilador mais coerente já conhecido pelo homem.

Ao estudar o comportamento dos elétrons em órbita num átomo de césio, Bohr notou que eles se moviam com uma surpreendente regularidade. Imperturbados na caótica resistência de cordilheiras de montanhas ou das marés, os elétrons pulsavam num ritmo várias ordens de magnitude mais confiável que a rotação da Terra.

Os primeiros relógios atômicos foram construídos em meados dos anos 1950 e logo estabeleceram um novo padrão de precisão. Agora éramos capazes de mensurar nanossegundos, mil vezes mais precisos que os microssegundos do quartzo. Esse salto adiante foi ratificado pela Conferência Internacional de Pesos e Medidas de 1967, ao se anunciar que tinha chegado a hora de reinventar o tempo. Na nova era, o tempo mestre do planeta seria medido em segundos atômicos: "A duração de 9.192.631.770 períodos da radiação, correspondendo à transição entre os dois níveis hiperfinos do estado fundamental do átomo de césio 133." Um dia já não era o período que a Terra levava para completar uma rotação. Um dia se tornou 86.400 segundos atômicos, assinalados em 270 relógios atômicos sincronizados ao redor do mundo.

Mas os velhos cronômetros não morreram de todo. Os modernos relógios atômicos marcam os segundos usando um mecanismo de quartzo, com base no átomo de césio e seus elétrons, para corrigir quaisquer aberrações aleatórias na cronometragem do quartzo. Os relógios atômicos são ajustados a cada ano com base no desvio caótico da órbita da Terra, adiantando ou atrasando um segundo para que os ritmos atômicos e solares não fiquem muito fora de sincronia. Os múltiplos campos científicos da disciplina do tempo – astronomia, eletromecânica, física subatômica – estão todos inseridos no relógio mestre.

A ascensão do nanossegundo pode parecer uma mudança enigmática, interessante apenas para pessoas que assistem a uma conferência sobre pesos e medidas. Mas a vida cotidiana foi radicalmente transformada pelo advento do tempo atômico. Viagens aéreas globais, redes telefônicas, mercados financeiros, tudo depende da precisão de nanossegundos do relógio atômico. (Sem esses relógios modernos, a prática muito difamada da negociação de ativos em alta frequência, ou o HFT, na sigla em inglês, desapareceria em um nanossegundo.)

Toda vez que você olha seu smartphone para verificar sua localização, está consultando uma rede de 24 relógios atômicos alojados nos satélites em órbitas baixas lá no céu. Esses satélites estão enviando o mais elementar dos sinais, sem parar, perpetuamente: são 11h48min25.084738seg, 11h48min25.084739seg… Quando tenta descobrir sua localização, seu telefone consulta pelo menos três desses carimbos de horário dos satélites, cada qual relatando um horário um pouco diferente, por causa do tempo que o sinal leva para viajar do satélite até o receptor do GPS em sua mão.

Um satélite transmitindo um horário posterior está mais perto que outro transmitindo um horário anterior. Como os satélites têm localizações perfeitamente previsíveis, o telefone pode calcular sua posição exata realizando uma triangulação entre os três carimbos de horário diferentes.

Da mesma forma que acontecia com os navegadores do século XVIII, o GPS determina sua posição comparando relógios. Aliás, esse é um fator recorrente na história do relógio. Cada novo avanço em cronometragem possibilita um avanço correspondente no nosso domínio da geografia – de

Professor Charles H. Townes, diretor do Departamento de Física da Universidade Columbia, mostra o "relógio atômico" em seu departamento. Data de lançamento: 25 de janeiro de 1955.

navios a ferrovias, de tráfego aéreo a GPS. Essa é uma ideia que Einstein teria apreciado: a mensuração do tempo passa a ser a chave para a mensuração do espaço.

Da próxima vez que der uma olhada no telefone para saber a hora ou onde você está, o que era feito consultando-se um relógio ou um mapa apenas duas décadas atrás, pense nas muitas camadas do grande encadeamento de engenho humano colocadas em prática para tornar esse gesto possível. Incorporado na sua capacidade de dizer a hora está o entendimento de como os elétrons circulam nos átomos de césio; o conhecimento de como enviar sinais de micro-ondas dos satélites e como medir a velocidade exata em que viajam; a capacidade de posicionar satélites em órbitas confiáveis em torno da Terra; e, claro, o conhecimento atual de foguetes necessários para tirar os satélites do chão; a capacidade de provocar vibrações estáveis num bloco de dióxido de silício. Tudo isso sem mencionar os avanços de computação e microeletrônica, e o conhecimento científico necessário para processar e representar essa informação em seu telefone.

Você não precisa saber nada dessas coisas para ver que horas são, mas é assim que o progresso funciona. Quanto mais se constroem esses vastos repositórios de informação científica e compreensão tecnológica, mais ocultos eles se tornam. Sem perceber, você está utilizando todo esse conhecimento cada vez que consulta o relógio para ver que horas são, mas os conceitos em si continuam nos bastidores. Trata-se de uma grande comodidade, claro, mas pode obscurecer o quanto percorremos desde os devaneios de Galileu com os lustres do altar no Duomo de Pisa.

À PRIMEIRA VISTA, a história da medição do tempo parecia ter tudo a ver com aceleração, dividindo o dia em segmentos cada vez menores para as coisas se movimentarem mais depressa, como corpos, dólares e bits. No entanto, o tempo na era atômica também andou na direção oposta, diminuindo a velocidade das coisas, em vez de acelerá-la; mensurando-as em eras, não em microssegundos.

Nos anos 1890, enquanto trabalhava em sua tese de doutorado em Paris, Marie Curie propôs pela primeira vez que a radiação não era uma reação química entre moléculas, mas algo intrínseco ao átomo. Na verdade, a descoberta foi tão importante para o desenvolvimento da física que ela se tornou a primeira mulher a ganhar um Prêmio Nobel.[15] Sua pesquisa logo chamou a atenção de seu marido, Pierre Curie, que abandonou sua investigação com cristais para se dedicar à radiação. Juntos, eles descobriram que elementos radioativos deterioravam-se em taxas constantes. A meia-vida do carbono 14, por exemplo, é de 5.730 anos. Se deixarmos um pouco de carbono 14 em algum lugar por cinco mil anos ou mais, veremos que metade dele terá desaparecido.

Mais uma vez, a ciência havia descoberto uma nova fonte de "tempo igual", só que esse relógio não seguia o tique-taque dos microssegundos de oscilações do quartzo nem os nanossegundos dos elétrons de césio. O decaimento do radiocarbono se passava numa escala de séculos ou milênios. Pierre Curie imaginou que a taxa de decaimento de certos elementos poderia ser utilizada como "relógio" para determinar a idade das rochas. Mas a técnica, agora popularmente conhecida como datação por carbono 14, só foi aperfeiçoada no final dos anos 1940.

A maioria dos relógios se atém à medição do presente, nas horas agora marcadas. Mas os relógios de radiocarbono lidam com o passado. Diferentes elementos decaem a taxas muito diversas, o que significa que eles são como relógios que funcionam em distintas escalas de horário. O carbono 14 "tiquetaqueia" a cada 5 mil anos, mas o potássio 40 "tiquetaqueia" a cada 1,3 bilhão de anos. Isso faz com que a datação por carbono 14 seja o relógio ideal para os tempos remotos da história da humanidade, enquanto o potássio 40 serve para medir o tempo geológico, a própria história do planeta.

A datação radiométrica tem sido fundamental para determinar a idade da Terra, instituindo a evidência científica mais convincente, enquanto a história contada pela Bíblia, de o Universo ter 6 mil anos, é apenas isso, uma história, não um fato. Temos grande conhecimento sobre as migrações pré-históricas dos seres humanos em todo o planeta, em grande parte graças à datação por carbono 14. Em certo sentido, o "tempo igual" do decaimento radioativo transformou a era pré-histórica em história.

Quando o primeiro *Homo sapiens* atravessou o estreito de Bering para chegar às Américas, mais de 10 mil anos atrás, não havia historiadores para escrever uma narrativa sobre a jornada. No entanto, essa história foi registrada pelo carbono nos ossos e pelos depósitos de carvão que esses seres deixaram para trás em áreas de acampamento. A história foi escrita na linguagem da física atômica. Mas não podíamos ler a história sem um novo tipo de relógio. Sem a datação radiométrica, "o abismo temporal" das migrações humanas e da mudança geológica seria como um livro de história com todas as páginas misturadas aleatoriamente, repleto de fatos, mas sem cronologia e causalidade. Sabendo em que momento as transformações ocorreram, os dados brutos ganham significado.

No alto das montanhas do sul de Nevada oriental, um bosque de pinheiros de troncos tortuosos cresce no solo seco e alcalino. Os pinheiros são árvores pequenas entre as coníferas, dificilmente ultrapassam dez metros de altura, retorcidas pelos ventos constantes que sopram por toda a extensão do deserto. Sabemos pela datação por carbono 14 (e pelos anéis arbóreos) que algumas dessas árvores têm mais de 5 mil anos, são os mais antigos seres vivos do planeta.

Em algum momento, daqui a muitos anos, um relógio será enterrado no solo sob aqueles pinheiros, um relógio projetado para medir o tempo na escala de civilizações, não em segundos. Como explicou seu principal idealizador, o cientista da computação Danny Hillis, será "um relógio que tiquetaqueia uma vez por ano. O ponteiro dos séculos avança uma vez a cada cem anos, e o cuco sai no milênio".[16] Ele está sendo projetado para funcionar pelo menos por 10 mil anos, mais ou menos a duração da civilização humana até hoje. Esse é um exercício diferente da disciplina do tempo, é a disciplina de evitar o pensamento de curto prazo, de nos forçar a avaliar nossas ações e suas consequências na escala de séculos e milênios. Inspirado na maravilhosa frase do músico e artista Brian Eno, o dispositivo é chamado "O Relógio do Longo Agora".

A organização por trás desse dispositivo, a Long Now Foundation, criada por Hillis, Eno, Stewart Brand e outros visionários, pretende construir uma série de relógios de 10 mil anos. (O primeiro está sendo construído num local montanhoso no oeste do Texas.) Por que ir a esses extremos estranhos para construir um relógio que pode tiquetaquear só uma vez na vida? Porque novos métodos de medição nos obrigam a pensar o mundo sob nova luz. Assim como os microssegundos de quartzo e do césio geraram novas ideias que transformaram a vida cotidiana de várias formas, o tempo lento do Longo Agora nos ajuda a pensar sobre o futuro de outras maneiras. Como membro do conselho do Longo Agora, Kevin Kelly declara:

> Se você tiver um relógio batendo por 10 mil anos, que tipos de questões e de projetos numa escala de gerações isso irá sugerir? Se um relógio pode continuar funcionando por dez milênios, não deveríamos fazer tudo para nossa civilização também prosseguir? Se o relógio continua a funcionar depois de estarmos individualmente mortos há muito tempo, por que não tentar outros projetos que exijam futuras gerações para concluí-los? A questão maior é, como o virologista Jonas Salk perguntou certa vez: "Será que estamos sendo bons antepassados?"[17]

O Relógio do Longo Agora

Esse é o estranho paradoxo do tempo na era atômica. Vivemos em segmentos cada vez mais curtos, orientados por relógios que marcam invisivelmente com precisão impecável; temos curtos períodos de atenção e submetemos nossos ritmos naturais à grade abstrata do tempo do relógio. No entanto, ao mesmo tempo, temos a capacidade de imaginar e registrar histórias de milhares ou milhões de anos, de rastrear cadeias de causa e efeito que se estendem por dezenas de gerações. Podemos querer saber a hora e consultar o celular para obter respostas com precisão de uma fração de segundo, mas também podemos perceber que em certo sentido essa resposta demorou quinhentos anos para ser elaborada: do candelabro do altar de Galileu ao césio de Niels Bohr, do relógio ao *Sputnik*. Comparados a um ser humano comum dos tempos de Galileu, nossos horizontes temporais vêm se expandindo nas duas direções, do microssegundo ao milênio.

Qual medida de tempo ganhará afinal, a nossa visão estreita focalizada no curto prazo ou nossa dádiva do longo agora? Seremos operadores globais de alta frequência ou bons antepassados? A essa pergunta, só o tempo irá responder.

6. Luz

Imagine uma civilização extraterrestre olhando para a Terra de uma galáxia distante em busca de sinais de vida inteligente. Durante milhões de anos não haveria quase nada a relatar: o fluxo diário do clima alterando o planeta, a marcha das geleiras se alastrando e recuando a cada 100 mil anos ou mais, os continentes lentamente à deriva. Contudo, a partir de mais ou menos um século, uma mudança importante se tornaria visível: à noite, a superfície do planeta passou a cintilar com as luzes das cidades, começando pelos Estados Unidos e pela Europa, espalhando-se depois de forma constante por todo o globo e aumentando em intensidade. Visto do espaço, o surgimento da iluminação artificial teria sido a única e mais significativa mudança na história do planeta desde que o asteroide de Chicxulub colidiu com a Terra há 65 milhões anos, cobrindo o planeta com uma nuvem de cinzas e poeira superaquecida. Do espaço, todas as transformações que marcaram a ascensão da civilização humana seriam um adendo: polegares opostos, linguagem escrita, imprensa, tudo isso empalideceria diante do brilho do *Homo lumens*.

Vista a partir da superfície da Terra, claro, a invenção da luz artificial tinha outros rivais em termos de inovações visíveis, mas seu advento marcou um ponto limiar na sociedade humana. O céu noturno de hoje reflete uma luz 6 mil vezes mais brilhante que 150 anos atrás. A luz artificial transformou a maneira como trabalhamos e dormimos, ajudou a criar redes globais de comunicação e em breve possibilitará avanços radicais na produção de energia. A lâmpada é tão ligada ao sentido popular de inovação que se tornou uma metáfora para novas ideias: a imagem de uma "lâmpada" substituindo o "Eureca!" de Arquimedes como a expressão mais verossímil a ser invocada para comemorar um súbito salto conceitual.

Uma das coisas estranhas sobre a luz artificial é a forma como sua tecnologia ficou estagnada durante séculos. Isso é bem notável, dado que a luz artificial surgiu como uma das primeiras tecnologias, quando os seres humanos assumiram o controle do fogo, mais de 100 mil anos atrás. Os babilônios e romanos desenvolveram lâmpadas a óleo, mas essa tecnologia quase desapareceu durante a (apropriadamente denominada) Idade das Trevas. Por quase 2 mil anos, até o início da era industrial, a vela foi a solução para a iluminação interna. Velas feitas de cera de abelha eram altamente valorizadas, porém muito caras para qualquer um, com exceção do clero e da aristocracia. A maioria das pessoas consumia velas de sebo, que queimavam gordura animal e produziam uma chama razoável, acompanhada de mau cheiro e fumaça espessa.

A fabricação de velas era uma vocação popular durante aquele período. A relação de impostos de Paris de 1292 listava 72 *chandeliers*, como eram chamados os fabricantes de velas que negociavam na cidade. A maioria das famílias fazia suas próprias velas de sebo num árduo processo que podia durar dias, aquecendo a gordura animal em recipientes e mergulhando os pavios na substância. Numa anotação em seu diário em 1743, o reitor de Harvard observou que havia produzido 35 quilos de velas de sebo em dois dias de trabalho, quantidade que consumiu por dois meses.[1]

Não é difícil imaginar por que as pessoas se sentiam dispostas a gastar tanto tempo na fabricação de velas em casa. Considere que vida teria um fazendeiro da Nova Inglaterra em 1700. Nos meses de inverno o Sol se punha às 5h, seguindo-se quinze horas de escuridão até a luz voltar. Quando aquele Sol se punha, ficava escuro como breu. Não havia postes de iluminação, lanternas, lâmpadas incandescentes, fluorescentes – nem as lâmpadas de querosene haviam sido inventadas ainda. Restava apenas o brilho bruxuleante de uma lareira e a enfumaçada vela de sebo queimando.

Aquelas eram noites tão opressivas que os cientistas agora acreditam que nossos padrões de sono diferiam radicalmente nos séculos anteriores à onipresente iluminação noturna. Em 2001, o historiador Roger Ekirch publicou um estudo notável, inspirado em centenas de diários e manuais de instrução, argumentando, de forma convincente, que historicamente os seres humanos dividiram suas longas noites em dois períodos de sono distintos. Quando a noite caía, eles adormeciam para um "primeiro sono", despertando após quatro horas para fazer um lanche, fazer suas necessidades fisiológicas, ter relações sexuais ou conversar junto ao fogo, antes de voltar para mais quatro horas de "segundo sono".[2]

A iluminação do século XIX interrompeu esse antigo ritmo, abrindo-se toda uma série de atividades modernas que podiam ser realizadas depois do pôr do sol, variando de teatros e restaurantes até o trabalho nas fábricas. Ekirch documenta como o processo de um único bloco de oito horas de sono contínuo foi desenvolvido por costumes do século XIX, em adaptação a uma drástica mudança no ambiente iluminado dos assentamentos humanos. Como todas as adaptações, seus benefícios acarretaram custos inevitáveis. A insônia do meio da noite que assola milhões de pessoas ao redor do mundo não é, tecnicamente falando, uma doença, mas o ritmo de sono natural do organismo afirmando-se sobre a convenção do século XIX. Esses momentos de vigília às 3h da manhã seriam uma espécie de *jet lag* causado pela luz artificial, e não por uma viagem aérea.

A luz de uma vela de sebo não tinha força suficiente para transformar nossos padrões de sono. Para efetuar uma mudança cultural significativa, foi necessário o brilho da iluminação permanente do século XIX. Até o fim do século, essa luz viria dos ardentes filamentos da lâmpada elétrica. Mas o primeiro grande avanço no século da luz veio de uma fonte que hoje parece macabra para nós: o crânio de um mamífero marinho de cinquenta toneladas.

Essa história começa com uma tempestade. Reza a lenda que, em algum momento, por volta de 1712, uma poderosa tempestade vinda do nordeste ao largo da costa de Nantucket arremessou um capitão de navio chamado Hussey para bem longe. Nas águas profundas do Atlântico Norte, ele encontrou uma das mais bizarras e intimidantes criações da mãe natureza: o cachalote.[3]

Hussey conseguiu arpoar o animal – embora alguns céticos achem que este simplesmente foi arrastado à praia pela tempestade. De qualquer maneira, quando os moradores dissecaram o mamífero gigante, descobriram algo muito bizarro: dentro da cabeça da criatura encontraram uma cavidade acima do cérebro preenchida com uma substância branca, oleosa. Graças à sua semelhança com o líquido seminal, o óleo de baleia veio a ser chamado de "espermacete".

Até hoje os cientistas não sabem ao certo por que os cachalotes produzem espermacete em tal quantidade. (Um cachalote adulto chega a ter 1.890 litros dentro do crânio.) Alguns acreditam que as baleias usam o espermacete para flutuar; outros julgam que a substância ajuda o sistema de ecolocalização do mamífero. Os habitantes da Nova Inglaterra, no entanto, logo descobriram outro uso para o espermacete: as velas feitas com a substância produziam uma luz muito mais forte e clara que as velas de sebo, e sem a incômoda fumaça. Na segunda metade do século XVIII, velas de espermacete se tornaram a mais valorizada forma de luz artificial nos Estados Unidos e na Europa.

Em uma carta de 1751, Ben Franklin descreveu o quanto gostava da forma como as novas velas "forneciam uma luz branca e clara; podem ser seguradas na mão, mesmo em clima quente, sem amolecer; suas gotas não produzem manchas de gordura como as velas comuns; elas duram muito mais tempo e precisam de pouco ou nenhum pavio".[4] A luz de espermacete logo se tornou um hábito caro para os mais ricos. George Washington estimou que gastava US$ 15 mil por ano, em moeda corrente atual, queimando velas de espermacete. O comércio de velas tornou-se tão lucrativo que um grupo de fabricantes formou uma organização chamada United Company of Spermaceti Chandlers, convencionalmente conhecida como o "Truste do Espermacete", criada para manter concorrentes fora do negócio e controlar o preço cobrado pelos baleeiros.[5]

Apesar do monopólio da produção de velas, havia significativas recompensas para quem conseguisse arpoar uma baleia cachalote. A luz artificial da vela de espermacete provocou uma explosão na indústria baleeira, dando origem às belas cidades do litoral de Nantucket e Edgartown. No entanto, por mais elegante que essas ruas pareçam hoje, a pesca de baleias era um negócio perigoso e repulsivo. Milhares de vidas foram perdidas no mar perseguindo as criaturas majestosas, incluindo o conhecido naufrágio do *Essex*, que acabou inspirando a obra-prima de Herman Melville, *Moby Dick*.

A extração do espermacete era quase tão difícil quanto arpoar a baleia. Abria-se um buraco no lado da cabeça do animal, e os homens rastejavam para dentro da cavidade acima do cérebro – passando dias dentro das carcaças em decomposição, raspando espermacete e retirando a substância do cérebro. É impressionante pensar que só duzentos anos atrás essa era a realidade da luz artificial:[6] se o seu tatara-tatara-tataravô quisesse ler um livro depois de escurecer, alguma pobre alma tinha de rastejar na cabeça de uma baleia durante uma tarde inteira.

Em pouco mais de um século, cerca de 300 mil cachalotes foram abatidos.[7] É provável que toda a população tivesse morrido se não encontrás-

Baleia cachalote do oceano Antártico. Gravura colorida à mão em *The Naturalist's Library*, Mammalia, v.12, 1833-1843, por Sir William Jardine.

semos no solo uma nova fonte para a luz artificial, gerando soluções à base de petróleo, como a lamparina a querosene e o lampião a gás. Essa é uma das mais estranhas reviravoltas na história da extinção. Uma das mais extraordinárias criaturas do oceano foi poupada porque os seres humanos descobriram depósitos de plantas fósseis abaixo da superfície da terra.

Combustíveis fósseis se tornariam fundamentais para quase todos os aspectos da vida do século XX, mas seu primeiro uso comercial girava em torno da luz. As novas lâmpadas eram vinte vezes mais brilhantes do que qualquer vela jamais fora antes, e seu brilho mais intenso gerou uma explosão na edição de revistas e jornais na segunda metade do século XIX, já que as horas escuras depois do trabalho tornaram-se cada vez mais compatíveis com a leitura. Mas também provocaram explosões literais: milhares de pessoas morriam a cada ano por incêndios originados nas luzes de leitura.

Apesar desses avanços, a luz artificial se manteve extremamente cara para os padrões modernos. Na sociedade atual, a luz é comparativamente barata e abundante; 150 anos atrás, ler depois do anoitecer era um luxo. A marcha constante da luz artificial desde então, passando de uma rara e fraca tecnologia para manifestação onipresente e poderosa, nos fornece um mapa para o caminho do progresso ao longo desse período. No final de 1990, o historiador de Yale William D. Nordhaus publicou um engenhoso estudo que traçou esse caminho com extraordinário detalhe, analisando os verdadeiros custos da luz artificial ao longo de milhares de anos de inovação.

Quando os historiadores da economia tentam avaliar a saúde geral dos sistemas econômicos ao longo do tempo, os salários médios costumam ser um dos primeiros itens que analisam. As pessoas hoje estão ganhando mais dinheiro que ganhavam em 1850? Claro que a inflação torna essas comparações complicadas. Alguém que ganhasse US$ 10 por dia era de classe média alta, calculando-se em dólares do século XIX. Por isso temos tabelas de inflação que nos ajudam a entender que US$ 10 de então valem US$ 160 em dinheiro atual. Mas a inflação cobre só uma parte da história. Argumenta Nordhaus:

> Durante períodos de grandes mudanças tecnológicas, a construção de índices de preços exatos que avaliem o impacto das novas tecnologias sobre o padrão de vida está além da capacidade prática das agências oficiais de estatística. A dificuldade essencial surge pela razão óbvia, mas em geral relevada, de que a maior parte dos bens que consumimos hoje não era produzida há um século.[8]

Mesmo se você ganhasse US$ 160 em 1850, não poderia comprar um fonógrafo de cera, para não mencionar um iPod. Os economistas e historiadores precisavam fatorar não só o valor geral de uma moeda, mas também ter algum sentido do que essa moeda podia comprar.

Foi aí que Nordhaus propôs usar a história da luz artificial para iluminar o poder de compra real dos salários no decorrer dos séculos. Os veículos de luz artificial variam radicalmente ao longo dos anos, de velas a LEDs (Light Emitting Diode). Contudo, a luz que produzem é uma constante, uma espécie de âncora na tempestade da rápida inovação tecnológica. Assim, Nordhaus propôs como unidade de medida o custo de produzir mil "lumens-horas" de luz artificial.

Em 1800, uma vela de sebo custava cerca de US$ 0,40 por mil lumens-horas. Em 1992, quando Nordhaus compilou sua pesquisa, a mesma quantidade de luz de uma lâmpada fluorescente custava 1/10 de centavo. Esse é um aumento de quatrocentas vezes em eficiência. Mas a história é ainda mais dramática quando se comparam esses custos com os salários médios do período. Se você trabalhasse uma hora recebendo o salário médio de 1800, poderia comprar dez minutos de luz artificial. Com o querosene, em 1880, a mesma hora de trabalho iria proporcionar três horas de leitura à noite. Hoje, você pode comprar trezentos *dias* de luz artificial com uma hora de salário.[9]

Algo extraordinário aconteceu, obviamente, entre os tempos das velas de sebo e das lamparinas de querosene e a iluminada terra das maravilhas de hoje. Esse algo foi a lâmpada elétrica.

Uma coisa estranha sobre a lâmpada elétrica é ter virado sinônimo de "gênio" da teoria de inovação – um único inventor criando uma única coisa, num momento de súbita inspiração –, enquanto a verdadeira história por trás de sua criação compõe um quadro explicativo bem diferente, o modelo de inovação num sistema de trabalho em conjunto. Sim, a lâmpada marcou um limite na história da inovação, mas por razões bem diferentes. Seria forçar a barra dizer que a lâmpada foi criada por um mutirão, mas afirmar que um único homem chamado Thomas Edison a inventou é uma distorção ainda mais grave.

A história tradicional é mais ou menos assim: depois de um triunfante começo de carreira inventando o fonógrafo e o registrador de cotações (stock ticker) aos trinta anos de idade, Edison passou alguns meses fazendo uma turnê pelo Oeste americano – talvez não por coincidência uma região bem mais escura à noite que as ruas iluminadas a gás de Nova York e Nova Jersey. Dois dias depois de voltar a seu laboratório em Menlo Park, em agosto de 1878, Edison desenhou três diagramas em seu caderno de anotações, chamando-os de "luz elétrica". Em 1879, ele apresentou um pedido de patente para uma "lâmpada elétrica" que exibia todas as principais características do bulbo que hoje conhecemos. No final de 1882, a empresa de Edison estava produzindo luz elétrica para todo o distrito de Pearl Street, na baixa Manhattan.

Essa é uma emocionante história de invenção. O jovem bruxo de Menlo Park tem um lampejo de inspiração, e em poucos anos sua ideia ilumina o mundo todo.[10] O problema é que a luz incandescente já tinha sido inventada oitenta anos antes de Edison voltar sua atenção para o problema. Uma lâmpada envolve três elementos fundamentais: uma espécie de filamento que brilha quando a corrente elétrica o percorre, um

Thomas Edison

mecanismo que impede o filamento de queimar muito depressa e uma fonte de energia elétrica para dar início à reação. Em 1802, o químico britânico Humphry Davy anexou um filamento de platina a uma primitiva bateria elétrica, fazendo com que queimasse durante alguns minutos. Lá pela década de 1840, dezenas de inventores independentes trabalhavam em variações da lâmpada elétrica. A primeira patente foi concedida em 1841 a um inglês chamado Frederick de Moleyns. O historiador Arthur A. Bright compilou uma lista de inventores parciais da lâmpada, chegando até o triunfo de Edison no final dos anos 1870.

DATA	INVENTOR	NACIONALIDADE	ELEMENTO	ATMOSFERA
1838	Jobard	Belga	Carbono	Vácuo
1840	Grove	Inglês	Platina	Ar
1841	De Moleyns	Inglês	Carbono	Vácuo
1845	Starr	Americano	Platina / carbono	Vácuo de ar comprimido
1848	Staite	Inglês	Platina / irídio	Ar
1849	Petrie	Americano	Carbono	Vácuo
1850	Shepard	Americano	Irídio	Ar
1852	Roberts	Inglês	Carbono	Vácuo
1856	De Changy	Francês	Platina / carbono	Vácuo de ar comprimido
1858	Gardiner & Blossom	Americano	Platina	Vácuo
1859	Farmer	Americano	Platina	Ar
1860	Swan	Inglês	Carbono	Vácuo
1865	Adams	Americano	Carbono	Vácuo
1872	Lodyguine	Russo	Carbono Carbono	Vácuo Nitrogênio
1875	Kosloff	Russo	Carbono	Nitrogênio
1876	Bouliguine	Russo	Carbono	Vácuo
1878	Fontaine	Francês	Carbono	Vácuo
1878	Lane-Fox	Inglês	Platina / irídio Platina / irídio Asbesto / carbono	Nitrogênio Ar Nitrogênio
1878	Sawyer	Americano	Carbono	Nitrogênio
1878	Maxim	Americano	Carbono	Hidrocarboneto
1878	Farmer	Americano	Carbono	Nitrogênio
1879	Farmer	Americano	Carbono	Vácuo
1879	Swan	Inglês	Carbono	Vácuo
1879	Edison	Americano	Carbono	Vácuo

Pelo menos metade dos homens havia chegado à fórmula básica que Edison afinal elaborou: um filamento de carbono suspenso no vácuo para evitar a oxidação, impedindo assim que o filamento queimasse muito depressa. Na verdade, quando enfim começou a mexer com a lâmpada elétrica, Edison passou meses trabalhando num sistema de retroalimentação para regular o fluxo de eletricidade de modo a evitar a fusão, antes de abandonar essa abordagem em favor do vácuo, embora quase a metade de seus antecessores já tivesse elegido o vácuo como o melhor ambiente para o brilho contínuo.

A lâmpada foi o tipo de inovação que juntou partes ao longo de décadas. Não houve um momento eureca na história da lâmpada. Quando Edison apertou o botão na estação de Pearl Street, um punhado de outras empresas já vendia seus próprios modelos de lâmpadas elétricas incandescentes. O inventor britânico Joseph Swan tinha iniciado a iluminação de casas e teatros no ano anterior. Edison inventou a lâmpada da mesma forma que Steve Jobs inventou o MP3 player: não foi o criador original, mas o primeiro a fazer algo que conquistou o mercado.

Então, por que Edison ficou com todo o crédito? É tentador usar o mesmo elogio ambíguo que muitos fazem a Steve Jobs: o de ser um mestre do marketing e das relações públicas. É verdade que Edison tinha um relacionamento muito próximo com a imprensa nesse momento de sua carreira. (Pelo menos em uma ocasião ele trocou ações de sua empresa com um jornalista a fim de obter melhor cobertura da imprensa.) Edison foi também um mestre do que hoje chamaríamos de "*vaporware*": ele anunciava produtos inexistentes para assustar os concorrentes. Poucos meses depois de ter começado a trabalhar na luz elétrica, Edison declarou aos repórteres dos jornais de Nova York que o problema fora resolvido, que ele estava prestes a lançar um sistema nacional da mágica luz elétrica. Um sistema tão simples, dizia ele, "que um engraxate pode entender".

Apesar dessa bravata, o fato é que os melhores exemplares de luz elétrica do laboratório de Edison não duravam cinco minutos. Isso não o impediu de convidar a imprensa ao laboratório de Menlo Park para ver sua lâmpada revolucionária. Edison levava um repórter de cada vez, ligava a chave de uma lâmpada e deixava o repórter curtir a luz por três ou quatro minutos antes de indicar a porta de saída. Quando o repórter perguntava quanto tempo suas lâmpadas durariam, ele respondia com confiança: "Para sempre, quase."

Apesar de todo esse blefe, Edison e sua equipe conseguiram fazer um produto mágico e revolucionário, como o marketing da Apple teria definido a lâmpada Edison. Publicidade e marketing levam tudo mais longe.

Em 1882, Edison havia produzido uma lâmpada que decididamente superava a de seus concorrentes, assim como o iPod superou os MP3 players rivais nos primeiros anos.

Em parte, a "invenção" da lâmpada de Edison não veio de uma grande ideia original, e sim do fato de ele ter suado nos detalhes. (Sua famosa piada sobre a invenção ser 1% inspiração e 99% transpiração se aplica muito bem a suas aventuras com a luz artificial.) Talvez a única contribuição mais significativa de Edison para a lâmpada elétrica tenha sido o filamento de bambu carbonizado que acabou implantando. Ele desperdiçou pelo menos um ano tentando fazer a platina funcionar como filamento, mas aquele era um material muito caro e propenso a derreter. Quando afinal abandonou a platina, Edison e sua equipe passaram por um verdadeiro jardim botânico de diferentes materiais: "celuloide, aparas de madeira (bucho, abeto, nogueira, caoba, cedro, pau-rosa e até bordo), madeira podre e seca, cortiça, linho, cerdas, casca de coco e uma variedade de papéis."[11] Depois de um ano de experimentação, o bambu surgiu como a substância mais durável, dando início a um dos capítulos mais estranhos da história do comércio global.

Edison enviou uma série de emissários de Menlo Park para vasculhar o planeta em busca do bambu mais incandescente no mundo natural. Um dos representantes percorreu 3 mil quilômetros de rios no Brasil. Outro viajou para Cuba, onde logo foi abatido pela febre amarela e morreu. Um terceiro representante, chamado William Moore, aventurou-se na China e no Japão, onde fez um acordo com um fazendeiro local para fornecimento do bambu mais forte que os assistentes de Menlo Park haviam encontrado. O acordo continuou cumprido por muitos anos, fornecendo os filamentos que iluminavam salões em todo o mundo. Edison não inventou a lâmpada, mas inaugurou uma tradição que seria vital na inovação moderna: empresas de eletrônicos americanas importando partes de seus componentes da Ásia. A única diferença é que, na época de Edison, a fábrica asiática era uma floresta.

Outro ingrediente-chave para o sucesso de Edison estava no time que ele reuniu em Menlo Park, memoravelmente conhecido como "os cafajestes". Os cafajestes eram bem diversificados, tanto em termos de especialização profissional quanto de nacionalidade: o mecânico britânico Charles Batchelor, o maquinista suíço John Kruesi, o físico e matemático Francis Upton e uma dúzia de desenhistas, químicos e metalúrgicos. Como a lâmpada de Edison era menos uma invenção original que uma bricolagem de pequenas melhorias, a diversidade da equipe acabou sendo uma vantagem essencial para o inventor.

Resolver o problema do filamento, por exemplo, exigiu uma compreensão científica da resistência elétrica e da oxidação que Upton fornecia, complementando o estilo mais inculto e intuitivo de Edison; e foram as improvisações mecânicas de Batchelor que permitiram testar tantos candidatos diferentes para o filamento. Menlo Park marcou o início de uma forma de organização que viria a predominar no século XX: o laboratório de pesquisa e desenvolvimento interdisciplinar. Nesse sentido, as ideias transformadoras e as tecnologias geradas em lugares como a Bell Labs e a Xerox-Parc têm raiz na oficina de Edison. Ele não apenas inventou a tecnologia, criou todo um sistema de invenção, um sistema que viria a dominar a indústria do século XX.

Edison também ajudou a inaugurar outra tradição que se tornaria vital para a inovação contemporânea de alta tecnologia: pagar seus funcionários com dividendos, e não apenas em dinheiro. Em 1879, em meio às pesquisas mais frenéticas para a lâmpada, Edison ofereceu a Francis Upton ações no valor de 5% da Edison Electric Light Company – embora ele tivesse de renunciar a seu salário de US$ 600 por ano. Upton relutou em aceitar a proposta, mas afinal decidiu receber as ações, apesar das objeções do pai, mais conservador em termos fiscais. Até o final do ano, o aumento do valor das ações da Edison significava que seu patrimônio já valia US$ 10 mil, mais de US$ 1 milhão em moeda atual. Sem qualquer delicadeza, Upton escreveu ao pai: "Não consigo deixar de rir quando penso quão tímido você era em casa."[12]

Sem dúvida, Edison foi um verdadeiro gênio, uma figura de destaque na inovação do século XIX. No entanto, como a história da lâmpada deixa claro, temos entendido mal esse gênio ao longo da história. Sua maior conquista pode ter sido a maneira que descobriu para tornar as equipes mais *criativas*, agregando diversas habilidades num ambiente de trabalho que valorizava a experimentação e aceitava os erros, incentivando o grupo com recompensas financeiras alinhadas ao sucesso global da organização, e com base em ideias originadas em outro local. "Não me sinto muito impressionado com os grandes nomes e reputações de quem pode estar tentando me vencer numa invenção. ... São suas 'ideias' que me interessam", disse Edison em uma das suas famosas declarações. "Sou corretamente descrito como 'mais uma esponja que um inventor'."

A lâmpada foi produto de inovação em rede, e por isso é justo que a realidade da luz elétrica, em última instância, tenha se revelado mais como rede ou sistema que como entidade única. A verdadeira vitória de Edison não veio com o filamento de bambu incandescente no vácuo, chegou com a iluminação do distrito de Pearl Street, dois anos depois. Para que isso acontecesse, era necessário inventar a lâmpada, sim, mas também era preciso uma fonte de corrente elétrica confiável, um sistema de distribuição de corrente que abrangesse a localidade, um mecanismo para conectar as lâmpadas individuais à rede e um medidor para auferir a quantidade de eletricidade utilizada em cada casa. Uma lâmpada por si só é uma curiosidade, algo para deslumbrar os repórteres. O que Edison e seus aventureiros criaram era muito maior que isso: uma rede de múltiplas inovações, todas ligadas entre si para tornar a magia da luz elétrica segura e acessível.[13]

Por que deveríamos nos importar se Edison inventou a lâmpada agindo como gênio solitário ou como parte de uma rede mais ampla? Para começar, se a invenção da lâmpada é uma história ilustrativa de como novas tecnologias passam a existir, seria preciso construir uma narrativa verídica. A questão, todavia, vai além de apenas obter os fatos de forma correta, pois há implicações sociais e políticas em histórias desse tipo. Sabemos que um motor essencial do progresso e dos padrões de vida é a inovação tecnológica. Sabemos que queremos incentivar as tendências que nos levaram dos dez minutos de luz artificial com uma hora de salário para trezentos dias. Se pensarmos que a inovação vem de um gênio solitário, de criar uma nova tecnologia a partir do zero,

Iluminação das ruas de Nova York, por volta de 1880.
Cena perto do Fifth Avenue Hotel.

esse modelo nos leva naturalmente a determinadas decisões políticas, como uma proteção de patente mais forte. No entanto, se pensarmos que a inovação sai de redes colaborativas, é preferível apoiar diferentes políticas e formas organizacionais: leis de patente menos rígidas, normas abertas, participação de funcionários nos programas de ações, conexões interdisciplinares. A lâmpada faz a luz iluminar melhor nossa leitura de cabeceira; nos ajuda a ver mais claramente o caminho para o nascimento de novas ideias e como cultivá-las numa sociedade.

A luz artificial acaba revelando uma relação ainda mais profunda com valores políticos. Apenas seis anos após Edison acender o distrito de Pearl Street, outro magnata iria endereçar o envelope da luz para uma nova direção, enquanto caminhava pela rua, poucos quarteirões ao norte da maravilhosa terra iluminada de Edison. Os cafajestes podem ter inventado o sistema de luz elétrica, mas o próximo avanço na luz artificial viria da cabeça de um místico excêntrico.

Enterrada perto do centro da Grande Pirâmide de Gizé há uma cavidade de granito aparente conhecida como "Câmara do Rei". O aposento contém apenas um objeto: uma caixa retangular aberta, às vezes chamada de "arca", esculpida em granito vermelho de Aswan, lascada num canto. O nome da câmara deriva da suposição de que a arca tenha sido um sarcófago que um dia abrigou o corpo de Khufu, o faraó que construiu a pirâmide há mais de 4 mil anos. Mas uma longa linhagem de egiptólogos independentes sugeriu que a arca tinha outros usos. Uma teoria ainda em circulação observa que o cofre possui as dimensões exatas que a Bíblia atribui à Arca da Aliança original, sugerindo a alguns que o cofre já abrigou a própria arca da lenda.

No outono de 1861, um visitante chegou à Câmara do Rei com os estertores de uma teoria igualmente bizarra, erigida em torno de uma arca diferente do Velho Testamento. O visitante era Charles Piazzi Smyth, que durante os quinze anos anteriores vinha exercendo as funções de astrônomo real da Escócia, embora fosse um polímata vitoriano clássico, com dezenas de interesses ecléticos. Smyth lera um tomo bizarro, argumentando que as pirâmides haviam sido originalmente construídas pelo Noé bíblico. Há muito ocupando uma cadeira de egiptologia, Smyth ficou tão obcecado com a teoria que deixou sua função em Edimburgo e foi a Gizé a fim de fazer suas próprias investigações em primeira mão. Seu trabalho de detetive acabaria por levar a um excêntrico guisado de numerologia e história antiga, publicado numa série de livros e panfletos nos anos seguintes. Smyth fez análises detalhadas da estrutura da pirâmide, convencendo-se de que os construtores tinham uma unidade de medida quase exatamente equivalente à polegada britânica moderna (25,4cm). Smyth interpretou essa correspondência como um sinal de que as polegadas eram uma medida sagrada, passada diretamente de Deus ao próprio Noé.[14] Isso, por sua vez, forneceu a ele a artilharia de que precisava para atacar o sistema métrico que começara a se infiltrar pelo canal da Mancha. A revelação da polegada egípcia deixou claro que o sistema métrico não era apenas um sintoma malévolo da influência francesa. Era também uma traição da vontade divina.

As descobertas científicas de Smyth na Grande Pirâmide podem não ter resistido ao teste do tempo, e tampouco impediram que a Grã-Bretanha adotasse o sistema métrico. Mesmo assim, ele conseguiu fazer história na Câmara do Rei. Smyth levou um volumoso e pesado equipamento de fotografia em chapa molhada para Gizé (na época uma tecnologia de ponta) para documentar suas descobertas. Mas as placas de vidro tratadas com colódio não conseguiram captar uma imagem nítida da Câmara do Rei, mesmo quando o quarto foi iluminado por tochas. Fotógrafos vinham improvisando métodos de iluminação artificial desde os primeiros daguerreótipos da década de 1830, mas quase todas as soluções da época produziam resultados insatisfatórios. (Velas e luz a gás eram inúteis, obviamente.) Os primeiros experimentos usavam uma bola de carbonato de cálcio – a "ribalta" que iria iluminar as produções teatrais até o advento da luz elétrica –, mas as fotografias de ribalta estampavam contrastes muito fortes, rostos brancos e fantasmagóricos.

As experiências fracassadas com iluminação artificial significavam que, na época em que Smyth montou sua aparelhagem na Câmara do Rei, mais de trinta anos após a invenção do daguerreótipo, a arte da fotografia ainda dependia da luz natural, recurso não exatamente abundante no núcleo interno de uma enorme pirâmide. Mas Smyth ouvira falar de experimentos usando fios de magnésio – fotógrafos torciam o fio na forma de um arco e acendiam antes de captar a imagem com pouca luz. A técnica prometia, mas a luz era instável e gerava desagradáveis e densas nuvens de fumaça. A queima do fio de magnésio num ambiente fechado tendia a fazer com que retratos comuns parecessem compostos de um denso nevoeiro.

Smyth percebeu que o que precisava na Câmara do Rei era algo mais próximo de um flash que de uma queima lenta. E assim, pela primeira vez na história – até onde sabemos –, ele misturou magnésio e pólvora comum, criando uma miniexplosão controlada que iluminava as paredes da Câ-

Charles Piazzi Smyth

mara do Rei por uma fração de segundo, permitindo que se registrassem seus segredos nas placas de vidro. Hoje, os turistas que visitam a Grande Pirâmide encontram placas proibindo o uso de flash nas fotografias tiradas dentro da vasta estrutura. Só não mencionam que a Grande Pirâmide também marca o local onde o flash fotográfico foi inventado. Ou pelo menos *um* dos locais onde a fotografia com flash foi inventada.

Assim como a lâmpada de Edison, a verdadeira história da origem do flash fotográfico é um caso bem complicado, é mais um negócio em rede. Grandes ideias se fundem a partir de avanços incrementais menores. Smyth pode ter sido o primeiro a conceber a ideia de combinar o magnésio com um elemento combustível rico em oxigênio. Contudo, o flash fotográfico se tornaria prática corrente duas décadas depois, quando dois cientistas alemães, Adolf Miethe e Johannes Gaedicke, pulverizaram o fino pó de magnésio com clorato de potássio, criando uma mistura muito mais estável, que possibilitava fazer fotos com alta velocidade do obturador em condições de pouca luminosidade. Eles chamaram essa técnica de *Blitzlicht*, – literalmente, "luz de flash".

A notícia da invenção de Miethe e Gaedicke logo se espalhou para fora da Alemanha. Em outubro de 1887, um jornal de Nova York publicou uma nota de quatro linhas sobre a *Blitzlicht*.[15] Não era uma história de primeira página, e a vasta maioria dos nova-iorquinos a ignorou completamente. A ideia do flash fotográfico, porém, desencadeou uma série de associações na cabeça de um leitor – repórter policial e fotógrafo amador que topou com o artigo enquanto tomava café da manhã com a esposa no Brooklyn. Seu nome era Jacob Riis.

Imigrante dinamarquês de 28 anos de idade, Riis acabaria entrando para os livros de história como um dos primeiros jornalistas investigativos do final do século XIX, o homem que fez mais que qualquer outra figura da época para expor a miséria da vida nos cortiços e inspirar um movimento de reformas progressistas. Mas até o café da manhã de 1887, as tentativas de Riis para lançar luz sobre as péssimas condições das favelas de Manhattan não haviam conseguido mudar a opinião pública de forma significativa. Confidente próximo do então comissário de polícia Teddy Roosevelt, Riis vinha explorando as profundezas de Five Points e de outros casebres de Manhattan havia anos. Com mais de meio milhão de pessoas vivendo em apenas 15 mil cortiços, as áreas de Manhattan eram os locais mais densamente povoados do planeta. Riis gostava de percorrer vielas sombrias, tarde da noite, quando voltava da delegacia de polícia na Mulberry Street para sua casa no Brooklyn. "Nós costumávamos ir aos piores cortiços às primeiras horas da manhã", recordaria depois, "para contar as pessoas e verificar se a lei contra a superlotação estava sendo violada, e o que vi lá apertou meu coração até eu sentir que devia contar sobre aquilo antes de explodir, virar um anarquista ou algo assim."[16]

Consternado com o que descobrira em suas expedições, Riis começou a escrever sobre a tragédia em massa dos cortiços para jornais locais e revistas nacionais, como a *Scribner's* e a *Harper's Weekly*. Seus relatos sobre a vergonha das cidades pertenciam a uma longa tradição que remontava pelo menos à visita horrorizada de Dickens a Nova York em 1840. Uma série de pesquisas exaustivas sobre a privação nos cortiços fora publicada ao longo dos anos, com títulos como "O relatório do Conselho de Higiene e Saúde Pública". Todo um gênero de guias de turismo para Five Points etc. floresceu após a Guerra Civil, oferecendo aos visitantes dicas curiosas sobre como explorar o submundo da vida na cidade grande, ou pelo menos explorá-lo de forma indireta, na segurança de um oásis numa cidade pequena. (A expressão *slumming it* origina-se dessas expedições turísticas.*) Mas, apesar das diferenças de estilo, esses textos compartilhavam um atributo: não surtiam efeito sobre a melhoria nas condições reais de vida dos moradores das favelas.

Havia muito Riis suspeitava que o problema da reforma nos cortiços – e de iniciativas em relação à pobreza urbana em geral – era uma questão imaginária. A menos que se andasse pelas ruas de Five Points depois da meia-noite e se visitassem os recantos escuros no interior dos apartamentos habitados por várias famílias, não era possível imaginar aquelas condições, muito distantes da experiência diária da maioria dos americanos, ou pelo menos da maior parte dos eleitores americanos. Desse modo, o mandato político para limpar as cidades nunca reuniu apoio suficiente para superar as barreiras da indiferença remota.

Assim como outros cronistas da deterioração urbana antes dele, Riis tentou dramatizar o devastador custo humano dos cortiços usando imagens. No entanto, os desenhos invariavelmente estetizavam o sofrimento. Mesmo o mais triste casebre subterrâneo parecia quase pitoresco quando representado numa gravura. Somente fotografias podiam captar a realidade com resolução suficiente para tocar os corações, porém Riis sempre encontrava o mesmo impasse quando usava fotos. Quase tudo o que ele

* *Slum it*: suportar condições às quais não se está acostumado. (N.T.)

Jacob Riis, anos 1900.

desejava fotografar envolvia ambientes com quantidades mínimas de luz. A falta de luz solar, mesmo que indireta, em muitos dos apartamentos dos conjuntos habitacionais era parte do que os tornava tão abjetos. Esse era o grande obstáculo de Riis. Em termos fotográficos, os mais importantes ambientes da cidade – aliás, alguns dos mais importantes espaços habitacionais do mundo – eram literalmente invisíveis. Não podiam ser retratados.

Tudo isso deveria explicar a epifania de Jacob Riis à mesa do café em 1887. Por que brincar com desenhos quando a *Blitzlicht* podia fazer a luz brilhar na escuridão?

Duas semanas após sua leitura de café da manhã, Riis convocou uma equipe de fotógrafos amadores (e alguns policiais curiosos) para desvendar as entranhas da cidade obscura, armado com a *Blitzlicht*. (O flash é produzido disparando-se um cartucho da substância com um revólver.) Muitos habitantes de Five Points tiveram dificuldade para entender aquela expedição de caça. Como Riis mais tarde explicou:

> O espetáculo de meia dúzia de homens estranhos invadindo uma casa à meia-noite, armados de grandes pistolas disparadas a esmo, não era reconfortante, e por mais que açucarássemos o nosso discurso, não admira que os moradores fugissem pelas janelas e pelas escadas de incêndio aonde quer que chegássemos.[17]

Em pouco tempo, Riis substituiu o revólver por uma frigideira. O aparelho parecia "caseiro", explicou, e fazia o pessoal se sentir mais confortável ao deparar com aquela nova e surpreendente tecnologia. (O simples ato de ser fotografado era novidade para a maioria deles.) Aquele continuava a ser um trabalho perigoso: uma pequena explosão na frigideira quase cegou Riis, e por duas vezes ele pôs fogo na própria casa fazendo experiências com o flash. Mas as imagens reveladas por essas incursões urbanas acabaram por mudar a história. Usando novas técnicas de impressão de meio-tom, Riis publicou as fotos em seu best-seller *How the Other Half Lives* e viajou pelo país proferindo palestras acompanhadas por imagens da lanterna mágica de Five Points e sua pobreza até então invisível. A convenção de se reunir numa sala escura para ver imagens iluminadas na tela se tornaria um ritual de fantasia e realização de desejos no século XX. Mas, para muitos americanos, as primeiras imagens vistas nesses ambientes foram de miséria e sofrimento humano.

Livros e palestras de Riis – e as imagens fascinantes que os acompanhavam – ajudaram a criar uma grande mudança na opinião pública e a definir o palco para um dos grandes períodos de reformas sociais na história dos Estados Unidos. Passada uma década desde sua publicação, as imagens de Riis serviram de base para o New York State Tenement House

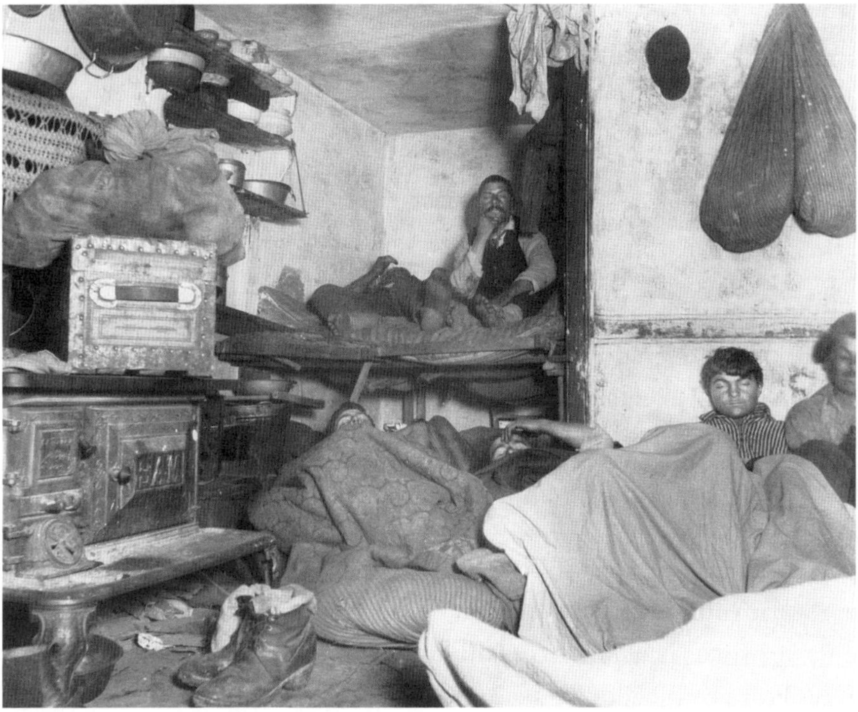

Nova York: abrigo para imigrantes em cortiço na Bayard Street. Foto tirada por Jacob Riis, 1888.

Act, de 1901, uma das primeiras grandes reformas da era progressista, que eliminou parte das terríveis condições de vida documentadas por Riis.[18] Seu trabalho deu início a uma nova tradição de denúncias que acabaram por melhorar em muito as condições de trabalho nas fábricas. Em sentido literal, a iluminação da miséria dos cortiços mudou o mapa dos centros urbanos em todo o mundo.

Encontramos aqui, mais uma vez em jogo, os estranhos movimentos da asa do beija-flor na história social, com invenções que levam a consequências que seus criadores jamais sonharam. A utilidade da mistura de magnésio e cloreto de potássio parece bastante simples: a *Blitzlicht* servia para os seres humanos gravarem imagens em ambientes escuros com mais precisão do que nunca. Mas esse novo recurso também ampliou as possibilidades para outras maneiras de ver. Foi o que Riis entendeu quase de imediato. Se fosse possível ver no escuro, se fosse possível compartilhar essa visão com estranhos ao redor do mundo, graças à mágica da fotografia, o submundo de Five Points poderia finalmente ser visto em toda sua trágica realidade. Os áridos relatos estatísticos do "Relatório do Conselho de Higiene e Saúde" seriam substituídos por seres humanos reais dividindo o espaço físico da miséria devastadora.

A rede de pensadores que inventou a fotografia – dos primeiros pesquisadores da ribalta até chegar a Smyth, Miethe e Gaedicke – tinha um objetivo bem definido: construir uma ferramenta que tirasse fotografias na escuridão. No entanto, como quase todas as inovações importantes na história da humanidade, essa descoberta criou uma plataforma que possibilitou outras inovações em campos radicalmente diversos. Nós gostamos de organizar o mundo em categorias bem estanques: fotografia vai aqui, política vai lá. Contudo, a história da *Blitzlicht* nos lembra que as ideias sempre viajam em redes. Elas ganham existência em malhas de colaboração; uma vez soltas no mundo, geram movimentos de mudança que poucas vezes ficam confinados a uma só disciplina. Um século de tentativas para inventar a fotografia com flash transformou a vida de milhões de habitantes da cidade no século seguinte.

A visão de Riis também serviria como corretivo para os excessos de um tecnodeterminismo rudimentar. Era praticamente inevitável que alguém inventasse a fotografia com flash no século XIX. (O simples fato de ter sido inventada várias vezes nos mostra que o tempo estava maduro para a ideia.) No entanto, não havia nada de intrínseco à tecnologia sugerindo que ela seria usada para iluminar a vida das pessoas que menos podiam pagar para usufruí-la. Era razoável supor que o problema de fotografar com baixa luz seria "resolvido" em 1900. Mas ninguém podia prever que seu primeiro uso geral seria uma cruzada contra a pobreza urbana. Essa reviravolta é mérito exclusivo de Riis. O avanço da tecnologia expande o espaço de possibilidades ao nosso redor, mas compete a nós determinar como explorar esse espaço.

No outono de 1968, os dezesseis membros de um ateliê realizado na Escola de Arte e Arquitetura de Yale – três professores e treze alunos de um programa de pesquisa – partiram em uma expedição de dez dias para estudar o planejamento urbano das ruas de uma cidade real. Isso não era novidade, era comum alunos de arquitetura visitarem ruínas e monumentos de Roma, Paris ou Brasília enquanto estudavam. O que tornou esse grupo incomum é que eles estavam deixando para trás o encanto gótico de New Haven para um tipo muito diferente de cidade, que parecia estar crescendo mais depressa que as antigas relíquias: Las Vegas. Tratava-se de um lugar que não se parecia em nada com os densos e concentrados cortiços da Manhattan de Riis. Mas, assim como Riis, o ateliê de Yale sentiu que algo novo e significativo estava acontecendo no corredor comercial de Las Vegas.

Liderados por Robert Venturi e Denise Scott Brown, marido e mulher, os participantes da equipe se tornariam os fundadores da arquitetura pós-moderna. O ateliê de Yale foi atraído para o limiar do deserto pela novidade de Vegas, pelo choque de valores que poderiam evocar ao levar aquela cidade a sério e pela noção de que se via o futuro nascer. Acima de tudo, porém, eles foram a Las Vegas ver uma nova espécie de luz. Foram atraídos, como mariposas pós-modernas, pela chama, pelo neon.

Apesar de tecnicamente considerado um dos "gases nobres", na verdade o neônio, ou neon, é onipresente na atmosfera da Terra, mas sempre em pequenas quantidades. Cada vez que você inspira, está inalando uma pequena quantidade de neon, misturado com todo o nitrogênio e oxigênio que saturam o ar respirável. Nos primeiros anos do século XX, um cientista francês chamado Georges Claude criou um sistema para liquefação do ar, o que possibilitou a produção de grandes quantidades de nitrogênio líquido e oxigênio. O processamento desses elementos em escala industrial criou um intrigante produto residual, o neon. Apesar de ele aparecer na proporção de apenas uma parte por 66 mil no ar comum, o aparelho de Claude conseguia produzir cem litros de neon em um dia de serviço.[19]

Com tanto neon ao redor, Claude resolveu saber se ele servia para alguma coisa, e assim, bem no estilo de cientista maluco, isolou o gás e passou uma corrente elétrica por ele. Exposto a uma carga elétrica, o gás brilhava com uma tonalidade viva de vermelho. (O termo técnico para esse processo é ionização.) Outras experiências revelaram que outros gases nobres, como o argônio e o vapor de mercúrio, podiam produzir cores diferentes quando eletrificados, mostrando-se mais de cinco vezes mais brilhantes que as lâmpadas incandescentes convencionais. Claude logo patenteou suas luzes de neon e montou um display apresentando sua invenção em frente ao Grand Palais, em Paris. Quando a demanda pelo produto subiu, ele estabeleceu um negócio de franquias para sua invenção não muito diferente do modelo utilizado anos mais tarde por McDonald's e Kentucky Fried Chicken, e as luzes de neon começaram a se espalhar pelas paisagens urbanas da Europa e dos Estados Unidos.

No início dos anos 1920, o brilho elétrico do neon chegou até Tom Young, imigrante britânico que vivia em Utah e iniciava um pequeno negócio de anúncios escritos à mão.[20] Young percebeu que o neon poderia ser usado não apenas para a luz colorida; com o gás fechado em tubos de vidro, placas de neon poderiam soletrar palavras muito mais facilmente que lâmpadas enfileiradas. Licenciando a invenção de Claude, ele montou um novo negócio atuando no Sudoeste americano. Young percebeu que a represa Hoover, perto de ser concluída, traria uma vasta fonte de eletricidade para o deserto, gerando uma corrente capaz de ionizar uma cidade inteira com luzes de neon. Young abriu uma nova empresa, a Young Electric Sign Company, ou Yesco. Em pouco tempo, estava construindo um luminoso para o novo cassino e hotel The Boulders, a ser inaugurado numa obscura cidade de Nevada chamada Las Vegas.

Essa foi uma colisão casual – uma nova tecnologia da França encontrando um letrista de cartazes em Utah – que criaria uma das mais emblemáticas experiências urbanas do século XX. Anúncios de neon se tornariam uma característica definidora dos centros das grandes cidades em todo o mundo – basta pensar na Times Square ou no Shibuya Crossing, em Tóquio. Mas nenhuma cidade aderiu ao neon com o mesmo incontrolado entusiasmo que Las Vegas, e a maioria dessas extravagâncias de neon foi projetada, instalada e mantida pela Yesco. "Las Vegas é a única cidade do mundo cujo horizonte não é formado por edifícios, ... mas por anúncios", escreveu Tom Wolfe em meados dos anos 1960. "Pode-se olhar para Las Vegas a uma milha de distância da Rota 91 e não se ver prédios nem árvores, somente anúncios. E que anúncios! Eles dominam a paisagem. Giram, oscilam, assumem formas para as quais o vocabulário existente da história da arte se revela impotente."[21]

Foi precisamente essa impotência que atraiu Venturi e Denise Brown a Las Vegas com seu séquito de estudantes de arquitetura no outono de 1968. Os professores perceberam que havia uma nova linguagem visual emergindo nesse brilhante oásis no deserto, uma linguagem que não se encaixava bem nas formas de expressão vigentes no design modernista. Para começar, Vegas era orientada a partir do ponto de vista dos motoristas dos automóveis que passavam pela Fremont Street ou pela cidade: os cartazes das vitrines e calçadas tinham dado lugar a vinte metros de caubóis de neon.

A seriedade geométrica do edifício Seagram ou de Brasília dava lugar a uma anarquia brincalhona. O Velho Oeste da corrida do ouro misturado aos projetos feudais do uísque Old English, ao lado de arabescos de desenhos animados, com um interminável fluxo de capelas de casamento na vanguarda. "Alusão e comentário, sobre o passado ou o presente, sobre nossos grandes lugares-comuns ou velhos clichês, e a inclusão do cotidiano no ambiente, sagrado e profano – é isso que faz falta na atual arquitetura", escreveram Denise Brown e Venturi. "Nós podemos aprender sobre isso a partir de Las Vegas, assim como outros artistas aprenderam com suas próprias fontes profanas e estilísticas."[22]

Essa linguagem da alusão, comentário e clichê foi escrita em neon. Brown e Denise Venturi chegaram a mapear cada palavra iluminada visível na Fremont Street. "No século XVII", eles escreveram, "Rubens criou uma 'fábrica' de pintura em que diferentes profissionais se especializavam em tapeçarias, folhagens ou nus. Em Las Vegas só existe uma 'fábrica' de sinais, a Young Electric Sign Company." Até então, o frenesi simbólico de Vegas pertencera somente ao mundo do comércio da baixa cultura: sinais berrantes indicando o caminho para covis de jogatina ou coisa pior. Mas Denise Brown e Venturi viram algo mais interessante em todos aqueles detritos. Como Georges Claude tinha percebido mais de sessenta anos antes, o refugo de uma pessoa pode ser o tesouro de outra.

Pense sobre essas variáveis díspares: os átomos de um gás nobre, desconhecido até 1898; um cientista e engenheiro mexendo com os resíduos do produto de seu "ar líquido"; um designer de cartazes empreendedor; e uma cidade florescendo implausivelmente no deserto. Todas as variáveis de algum modo convergiram para que Denise Brown e Venturi produzissem *Aprendendo com Las Vegas* – livro que arquitetos e urbanistas iriam estudar e debater durante décadas. Nenhum outro livro teria tanta influência sobre o estilo pós-moderno que iria dominar a arte e a arquitetura durante as próximas duas décadas.

Aprendendo com Las Vegas apresenta um nítido estudo de caso de como a abordagem de zoom longo revela elementos ignorados pelas estruturas explanatórias tradicionais da história: a história da arte ou da economia, ou o modelo "gênio solitário" da inovação. Quando perguntamos *por que* o pós-modernismo surgiu como movimento, em algum nível fundamental a resposta tem de incluir Georges Claude e seus cem litros de neon. A invenção de Claude não foi a única causa, de jeito nenhum, porém, em um universo alternativo, que por alguma razão não tivesse luzes de neon, o surgimento da arquitetura pós-moderna decerto teria seguido caminho diferente. A estranha interação entre o gás neon e a eletricidade, o modelo de franquia de licenciamento da nova tecnologia – cada coisa serviu como parte da estrutura de suporte que tornou possível conceber *Aprendendo com Las Vegas*.

Esse pode parecer mais um aspecto da teoria dos seis graus de separação: basta seguir diversas cadeias de causalidade que acabamos encontrando relações entre o pós-modernismo e a construção da Grande Muralha da China ou a extinção dos dinossauros. Mas as conexões do neon com o pós-modernismo são diretas: Claude cria luz de neon; Young a leva para Vegas, onde Venturi e Denise Brown decidem levar a sério seu brilho "recorrente e oscilante". Sim, Venturi e Denise Brown precisavam da eletricidade também, mas tudo precisava de eletricidade na década de 1960: o pouso na Lua, o Velvet Underground, o discurso "Eu tenho um sonho".

Pela mesma razão, os dois arquitetos também precisaram dos gases *nobres*; claro que eles necessitavam de oxigênio para escrever *Aprendendo com Las Vegas*. Mas foi o gás raro neon que tornou tão específica a história dos dois.

IDEIAS ESCORREM DA CIÊNCIA para o fluxo de comércio, onde são arrastadas para os sorvedouros menos previsíveis da arte e da filosofia. Mas às vezes se aventuram contra a correnteza, da especulação estética à ciência pura. Quando publicou seu inovador romance *A guerra dos mundos*, em 1898, H.G. Wells ajudou a inventar o gênero de ficção científica, que iria desempenhar papel preeminente na imaginação popular durante o século seguinte. No entanto, o livro introduziu um item mais específico para o incipiente cânone da ficção científica: o "raio de calor" usado pelos marcianos invasores para destruir todas as cidades. Wells escreveu sobre seus alienígenas astutos e tecnológicos:

> De certa forma, eles são capazes de gerar um calor intenso, numa câmara, quase sem condutividade. Esse calor intenso projeta um feixe paralelo contra qualquer objeto que escolherem, por meio de um espelho parabólico polido de composição desconhecida, assim como o espelho parabólico de um farol projeta um feixe de luz.[23]

O raio de calor era uma dessas misturas imaginárias que de alguma maneira ficam trancadas na psique popular. De *Flash Gordon* a *Jornada nas estrelas* e *Guerra nas estrelas*, armas usando feixes concentrados de luz se tornaram quase uma praxe em qualquer civilização futura avançada. No entanto, feixes de laser reais não existiam até o fim da década de 1950, e só duas décadas depois se tornaram parte da vida cotidiana. Não foi o único aspecto em que os autores de ficção científica estavam um ou dois passos à frente dos cientistas.

Mas a turma da ficção científica errou numa coisa, pelo menos a curto prazo. Não há raios da morte; a coisa mais próxima que temos do arsenal de *Flash Gordon* é o código de barras. Quando os lasers finalmente entraram em nossas vidas, eram péssimos para construir armas, porém brilhantes em algo que os autores de ficção científica jamais imaginaram: saber quanto custa um chiclete.

A exemplo da lâmpada, o laser não foi uma invenção solitária. Como explica o historiador da tecnologia Jon Gertner, "ele resultou de uma tempestade de invenções dos anos 1960".[24] Suas raízes estão na pesquisa da Bell Labs e da Hughes Aircraft e, mais hilário, em pesquisas independentes do físico Gordon Gould, que de forma memorável autenticou seu projeto original do laser numa loja de doces em Manhattan e travou uma batalha legal de trinta anos sobre a patente da invenção (luta que acabou vencendo). O laser é um prodigioso feixe concentrado em que o caos normal da luz é reduzido a uma única frequência ordenada. "O laser está para a luz comum", observou certa vez John Pierce, da Bell Labs, "como um sinal de transmissão está para a estática."[25]

Ao contrário da lâmpada, contudo, o interesse inicial pelo laser não foi motivado por uma visão clara de um produto de consumo. Os pesquisadores sabiam que o sinal concentrado do laser podia ser usado para incorporar as informações de modo mais eficaz que a fiação elétrica, porém, era menos claro como exatamente a largura de banda seria posta em uso. "Quando surge algo tão intimamente relacionado à sinalização e à comunicação", explicou Pierce na época, "e é algo novo e pouco compreendido, e há pessoas que podem fazer alguma coisa com isso, é melhor fazer logo e se preocupar depois com os detalhes de por que você entrou nessa." Como vimos, a tecnologia do laser acabou se mostrando crucial para a comunicação digital, graças a seu papel nas fibras óticas. No entanto, a primeira aplicação importante do laser apareceria nas caixas registradoras, com o advento de leitores de códigos de barras em meados dos anos 1970.

A ideia de criar uma espécie de código de leitura ótica para identificar produtos e preços pairou no ar por quase meio século. Inspirado nos traços e pontos do código Morse, nos anos 1950, um inventor chamado Norman Joseph Woodland projetou um código visual que lembrava um olho de boi, mas era necessária uma lâmpada de *500 watts* – quase dez vezes mais brilhante que uma lâmpada normal – para ler o código, e mesmo assim ele não era muito preciso. Escanear uma série de símbolos em preto e branco foi o tipo de trabalho em que os lasers se destacaram de imediato, já em sua infância. No início dos anos 1970, pouco depois da estreia dos primeiros lasers funcionais, o moderno sistema de código de barras – conhecido como o Código Universal de Produtos – implantou-se como padrão dominante. Em 26 de junho de 1974, um chiclete num supermercado em Ohio tornou-se o primeiro produto na história a ter seu código de barras escaneado por laser. A tecnologia se difundiu devagar. Até 1978, só 1% das lojas tinham leitores de códigos de barras; hoje quase tudo que se compra já vem com o código de barras estampado.

Em 2012, um professor de economia chamado Emek Basker publicou um trabalho avaliando o impacto do escaneamento do código de barras na economia e documentando a disseminação da tecnologia tanto em lojas familiares quanto em grandes redes. Os dados de Basker confirmaram o processo clássico do comércio em relação a novidades: a maioria das lojas que adotou os leitores de códigos de barras nos primeiros anos não via muitos benefícios, já que os funcionários tinham de ser treinados para usar a nova tecnologia e muitos produtos ainda não tinham código. Ao longo do tempo, no entanto, os ganhos de produtividade tornaram-se substanciais, e os códigos de barras tornaram-se onipresentes. Contudo, a revelação mais surpreendente na pesquisa de Basker foi a seguinte: os ganhos de produtividade com os leitores de códigos de barras não foram distribuídos de maneira uniforme. As grandes lojas se deram muito melhor que as pequenas.[26]

Sempre houve vantagens inerentes à manutenção de um grande estoque de itens numa loja. O cliente tem mais opções para escolher, os itens podem ser comprados em grandes quantidades dos atacadistas a preço menor. No entanto, antes dos códigos de barras e outras ferramentas informatizadas de gestão de inventário, os benefícios de manter um grande estoque eram em grande parte absorvidos pelo custo de manter o controle de tudo. Se você tivesse mil itens em estoque, em vez de cem, precisaria de mais gente e mais tempo para descobrir quais os itens mais procurados e que necessitavam de reposição, e quais apenas estavam ocupando espaço nas prateleiras. Mas os códigos de barras e seus leitores reduziram consideravelmente o custo de manter um grande estoque. Nas décadas seguintes à sua introdução, o leitor de códigos de barras provocou uma explosão no tamanho de lojas de varejo nos Estados Unidos. Com a gestão automatizada do inventário, as redes puderam se expandir nas grandes lojas que agora dominam o mercado de varejo. Sem a digitalização do código de barras, a moderna paisagem de compras de Target, Best Buy e supermercados do tamanho de terminais aeroportuários teria tido muito mais dificuldade para se desenvolver. Se houve um raio da morte na história do laser, ele foi uma metáfora que demoliu pequenas lojas e o comércio independente com a revolução dos hipermercados.

Se os primeiros fãs de ficção científica de *A guerra dos mundos* e *Flash Gordon* se decepcionaram ao ver o poderoso laser escaneando pacotes de chiclete – a luz brilhante e concentrada usada para gerenciamento de inventário –, é provável que ficassem mais animados se vissem a Instalação Nacional de Ignição (NIF, na sigla em inglês, de National Ignition Facility) do Laboratório Lawrence Livermore, no norte da Califórnia, onde cientistas construíram o maior sistema de laser do mundo, de mais alta energia. A luz artificial começou como simples iluminação para podermos ler e nos divertir depois do anoitecer; pouco depois foi transformada em publicidade, arte e informação. Mas no NIF estão fechando um círculo completo da luz, usando lasers para produzir uma nova fonte de energia baseada na fusão nuclear, recriando o processo que ocorre naturalmente no núcleo do Sol, a fonte original da luz natural.

Lá no fundo do NIF, perto da "câmara-alvo" onde a fusão ocorre, um longo corredor é decorado com o que à primeira vista parece uma série de pinturas idênticas de Rothko, cada uma exibindo oito grandes quadrados vermelhos do tamanho de um prato. São 192 no total, cada qual representando um dos lasers que disparam simultaneamente numa pequena gota de hidrogênio na câmara de ignição. Estamos acostumados a ver lasers como um pontinho de luz concentrada, mas no NIF os lasers parecem mais tiros de canhão, quase duas centenas deles, criando um feixe de energia que deixaria H.G. Wells orgulhoso.

O complexo multibilionário foi todo projetado para executar eventos discretos em períodos de microssegundos: disparando os lasers no combustível de hidrogênio enquanto centenas de sensores e câmeras de alta velocidade observam a atividade. Dentro do NIF, eles chamam esses eventos de "tiros". Cada tiro requer a minuciosa orquestração de mais de 600 mil controles. Cada feixe de laser percorre 1,5 quilômetro guiado por uma série de lentes e espelhos, e, combinados, acumulam energia até atingirem 1,8 milhão de joules de energia e 500 trilhões de watts, tudo convergindo para uma fonte de combustível do tamanho de um grão de pimenta. Os lasers devem ser posicionados com uma exatidão exasperante, o equivalente a lançar uma bola do AT&T Park, em São Francisco, e acertar um alvo no Dodger Stadium, em Los Angeles, cerca de 560 quilômetros de distância. Cada pulso de luz de microssegundo tem, em sua breve existência, mil vezes a quantidade de energia de toda a rede nacional dos Estados Unidos.

Quando toda a energia do NIF acerta seu alvo milimétrico, condições inéditas são geradas na matéria – temperaturas de mais de 100 milhões de graus, densidades de até cem vezes a do chumbo e pressões mais de 100 bilhões de vezes maiores que a pressão atmosférica da Terra. Essas são condições semelhantes às existentes no interior das estrelas, aos núcleos dos planetas gigantes, em armas nucleares – possibilitando ao NIF criar, em essência, uma estrela em miniatura na Terra, fundindo átomos de hidrogênio e liberando uma quantidade impressionante de energia. Pois nesse momento fugaz, com os lasers comprimindo o hidrogênio, essa cápsula de combustível é o lugar mais quente do sistema solar – mais quente inclusive que o núcleo do Sol.

O objetivo do NIF não é criar um raio ou a morte – nem um leitor de códigos de barras de última geração. A meta é criar uma fonte sustentável de energia limpa. Em 2013, o NIF anunciou que pela primeira vez o dispositivo tinha gerado energia pura positiva durante vários tiros; por uma pequena margem, o processo de fusão exigiu menos energia do que a por ele criada. Isso ainda não é suficiente para construí-lo de forma eficiente em série, mas os cientistas do NIF acreditam que, com novos experimentos, irão acabar usando seus lasers para comprimir a cápsula de combustível com uma simetria quase perfeita. Nesse momento, teremos uma fonte potencial ilimitada de energia para todas as lâmpadas, luminosos de neon e leitores de códigos de barras – sem mencionar computadores, aparelhos de ar-condicionado e carros elétricos dos quais depende a vida moderna.

Esses 192 lasers convergindo para a cápsula de hidrogênio é um lembrete revelador do quanto chegamos longe num período extremamente curto de tempo. Apenas duzentos anos atrás, a mais avançada forma de luz artificial envolvia a dissecação de uma baleia no convés de um barco no meio do oceano. Hoje podemos usar luz para criar um sol artificial na Terra, mesmo que apenas por uma fração de segundo. Ninguém sabe se os cientistas do NIF atingirão seu objetivo de obter uma fonte de energia limpa e sustentável baseada na fusão nuclear. Alguns podem até considerar

Vaughn Draggoo inspeciona uma imensa câmara-alvo no NIF, na Califórnia, local de testes para fusão nuclear induzida por luz. Feixes de 192 lasers serão apontados para uma cápsula de combustível de fusão para produzir uma explosão termonuclear controlada (2001).

tudo isso uma missão impossível, um show de laser que jamais irá gerar mais energia do que precisa para desencadear o processo. Mas partir em viagens de três anos no meio do oceano Pacífico em busca de mamíferos marítimos de 25 metros de comprimento também foi uma loucura. Contudo, de alguma forma, essas empreitadas alimentaram nossa fome de luz por um século. Talvez os visionários do NIF – ou qualquer outra equipe de aventureiros em algum lugar do mundo – acabem fazendo o mesmo. De uma forma ou de outra, continuamos a perseguir uma nova luz.

Conclusão

Os viajantes do tempo

EM 8 DE JULHO DE 1835, um barão inglês chamado William King se casou numa pequena cerimônia nos subúrbios do oeste de Londres, numa propriedade chamada Fordhook, que havia pertencido ao romancista Henry Fielding. Sob todos os aspectos, aquele foi um casamento agradável, apesar de mais modesto do que se esperava, em vista do título e da riqueza da família King. A cerimônia foi íntima por causa do fascínio que o público em geral sentia pela noiva de dezenove anos, a bela e inteligente Augusta Byron, agora conhecida por seu nome do meio, Ada, filha do conhecido poeta romântico Lord Byron. O poeta já estava morto havia uma década e não vira a filha desde que ela era criança, mas sua reputação de autor brilhante e criativo e sua degradação moral continuavam a reverberar pela cultura europeia. Em 1835 ainda não havia paparazzi para perseguir o barão King e sua noiva, mas a fama de Ada exigiu certa discrição nas bodas.

Depois de uma curta lua de mel, Ada e o novo marido passaram a dividir o tempo entre a herdade da família dele em Ockham, uma propriedade rural em Somerset e uma casa em Londres, iniciando o que prometia ser uma vida de lazeres domésticos, apesar dos nada invejáveis problemas implícitos na manutenção de três residências. Em 1840, o casal tinha três filhos, e King havia sido promovido a conde com a coroação da rainha Victoria.

Pelos padrões convencionais da sociedade vitoriana, a vida de Ada parecia o sonho de qualquer mulher: nobreza, um marido amoroso e três filhos, inclusive um herdeiro da mais alta importância. No entanto, à medida que aderia aos deveres da maternidade e da administração de um latifúndio, Ada começou a mostrar sinais de desgaste, sentindo-se atraída por caminhos efetivamente inéditos para as mulheres vitorianas. Em 1840,

Augusta Ada, condessa de Lovelace, cerca de 1840.

estava fora das possibilidades femininas se envolver em alguma forma de arte criativa, mesmo escrever ensaios ou ficção. Mas Ada viu-se atraída em outra direção. Ela tinha paixão por números.

Quando era adolescente, sua mãe, Annabella Byron, a incentivou a estudar matemática, contratando uma série de preceptores que lhe ensinaram álgebra e trigonometria, matérias radicais numa época em que as mulheres eram excluídas de instituições científicas importantes como a Royal Society, em que eram consideradas incapacitadas para o rigor do pensamento científico. Mas Annabella teve outros motivos para encorajar o talento matemático da filha, pois esperava que a natureza metódica e prática de seus estudos superasse a influência perigosa do falecido pai. Annabella acalentava a ideia de que o mundo dos números salvaria a filha da corrupção pela arte.[1]

Por um tempo parecia que o plano de Annabella ia funcionar. O marido de Ada se tornou conde de Lovelace, e a família estava numa trajetória que não passava pelo caos e a excentricidade que haviam destruído Lord Byron quinze anos antes. Mas quando seu terceiro filho saiu da infância, Ada se sentiu mais uma vez atraída pelo mundo da matemática, mostrando-se insatisfeita com as responsabilidades domésticas da maternidade vitoriana. Suas cartas desse período mostram uma estranha mistura de ambição romântica – o sentimento de uma alma que não tinha espaço na realidade comum a que se via presa – e forte convicção no poder da razão matemática. Ada discorria sobre cálculo diferencial com a mesma paixão e exuberância (e autoconfiança) que seu pai escreveu sobre amores proibidos:

> Graças a alguma peculiaridade do meu sistema nervoso, tenho percepção de coisas que mais ninguém possui, ... uma percepção intuitiva das coisas ocultas, isto é, das coisas ocultas aos olhos, aos ouvidos e aos sentidos comuns. Isso por si só me daria alguma vantagem em termos de descobertas, mas existe também, num segundo plano, minhas imensas faculdades de raciocínio e minha capacidade de concentração.[2]

Nos últimos meses de 1841, os sentimentos conflitantes de Ada em relação à vida doméstica e às suas ambições matemáticas a levaram à beira de uma crise quando ficou sabendo por Annabella que, nos anos que antecederam sua morte, Lord Byron tivera uma filha com outra mulher. O pai de Ada não foi apenas o autor mais famoso de sua época, foi também acusado de incesto, e o fruto dessa escandalosa união era uma menina que Ada conhecia havia muitos anos. Annabella deu a notícia à filha como prova definitiva de que Byron era um canalha, que um estilo de vida rebelde anticonvencional como o dele só podia acabar em ruína.

E assim, ainda jovem, aos 25 anos, Ada Lovelace se viu numa encruzilhada, diante de duas maneiras muito diferentes de ser adulta. Poderia se resignar ao caminho estabelecido para uma baronesa e viver nos limites do decoro convencional; ou poderia aceitar as "peculiaridades do [seu] sistema nervoso" e encontrar um caminho original para si mesma e seus dons diferenciados.

Aquela era uma escolha profundamente enraizada na cultura da época de Ada: os pressupostos que emolduravam e delimitavam os papéis que as mulheres podiam adotar, a riqueza herdada que lhe dava a opção de escolher e as horas de lazer para ponderar sobre a decisão. Mas os caminhos à sua frente também foram resultado de seus genes, de muito talento e disposição – e até mesmo das manias – que herdara dos pais. Ao escolher entre a estabilidade doméstica e uma ruptura desconhecida das convenções, em certo sentido ela teve de optar entre a mãe e o pai. Continuar em Ockham Park era o caminho mais fácil, todas as forças da sociedade a impeliam nessa direção. No entanto, gostasse ou não, ela ainda era filha de Byron. Uma vida convencional lhe parecia cada vez mais impensável.

Mas Ada Lovelace encontrou um jeito de contornar o impasse com que se defrontara aos vinte e poucos anos. Em colaboração com outro brilhante vitoriano, igualmente à frente de seu tempo, Ada traçou um caminho que lhe permitiu superar as barreiras da sociedade vitoriana sem sucumbir ao caos criativo que havia tragado seu pai. Ada se tornou programadora de software.

Escrever um código em meados do século XIX parece uma vocação possível só com uma viagem no tempo, mas por acaso Ada conheceu um vitoriano capaz de lhe dar um projeto como esse: Charles Babbage, o brilhante e eclético inventor que traçava os planos de sua visionária Máquina Analítica. Babbage passara as duas décadas anteriores inventando as mais sofisticadas calculadoras, mas em meados dos anos 1830 ele começou a trabalhar em um projeto que duraria o resto de sua vida: a concepção de um computador realmente programável, capaz de executar sequências complexas de cálculos que iam muito além da capacidade de qualquer máquina da época. A Máquina Analítica estava fadada ao fracasso na prática – Babbage tentava construir um computador da era digital com componentes mecânicos da era industrial –, mas seu criador deu um brilhante salto em termos conceituais. O projeto de Babbage antecipou os principais componentes dos modernos computadores: as noções de unidade de processamento central (que Babbage apelidou de "A Fábrica"), de memória de acesso aleatório e de software controlando a máquina, gravado nos mesmos cartões perfurados usados para programar computadores mais de um século depois.

Ada conheceu Babbage quando ela tinha dezessete anos, em um dos badalados salões de Londres, e os dois mantiveram uma amistosa correspondência intelectual ao longo de anos. Assim, quando ela resolveu seu dilema no início dos anos 1840, escreveu uma carta para Babbage sugerindo que ele fosse uma potencial rota de fuga das limitações da vida em Ockham Park:

> Estou muito ansiosa para falar com você. Vou lhe dar uma dica sobre o assunto. Parece-me que, em algum momento no futuro, minha cabeça pode ser posta a serviço de alguns de seus planos e propósitos. Se for esse o caso, se eu me mostrar útil e capaz de ser usada por você, minha cabeça será sua.[3]

Acontece que Babbage podia usar a notável cabeça de Ada, e a colaboração entre os dois levaria a um dos documentos fundadores da história da computação. Um engenheiro italiano havia escrito um ensaio sobre a máquina de Babbage e, por recomendação de um amigo, Ada traduziu o texto para o inglês. Quando ela falou de seu trabalho a Babbage, ele perguntou por que ela não tinha escrito seu próprio ensaio sobre o assunto. Apesar de toda a sua ambição, parece que a ideia de elaborar uma análise própria nunca tinha ocorrido a Ada, e assim, com o encorajamento de Babbage, ela criou seus comentários aforísticos, costurados a partir de uma série prolongada de notas de rodapé anexadas ao ensaio italiano.

Charles Babbage

Essas notas de rodapé acabariam se revelando muito mais valiosas e influentes que o texto original que comentavam. Elas continham uma série de instruções elementares que poderiam ser usadas para dirigir os cálculos da Máquina Analítica. Hoje são consideradas o primeiro exemplo de um software funcional já publicado, embora as máquinas que efetivamente poderiam executar o código só fossem construídas um século depois.

Há controvérsias para saber se Ada foi a única autora desses programas ou se estava aprimorando rotinas nas quais o próprio Babbage havia trabalhado antes. Contudo, a maior contribuição de Ada não foi colocar por escrito os conjuntos de instruções, mas prever uma gama de utilidades para a máquina que Babbage ainda não havia considerado. Escreveu ela:

> Muita gente imagina que, pelo fato de a máquina fornecer seus resultados em notação numérica, a natureza de seus processos deve ser aritmética e numérica, e não algébrica e analítica. Isso é um erro. A máquina pode organizar e combinar suas quantidades numéricas exatamente como se fossem letras ou outros símbolos gerais.

Ada reconheceu que a máquina de Babbage não era um mero triturador de números. Seus usos potenciais iam muito além do cálculo. Poderia até, um dia, ser capaz de artes mais elevadas:

> Supondo, por exemplo, que as relações fundamentais dos variados sons na ciência da harmonia e da composição musical sejam suscetíveis de tais expressões e adaptações, a máquina poderia compor peças elaboradas e científicas de música de qualquer grau de complexidade ou extensão.[4]

Empreender um salto imaginativo desse tipo em meados do século XIX é quase inacreditável. Já era muito difícil para o pensamento da época formular a ideia de computadores programáveis – quase nenhum contemporâneo de Babbage conseguiu entender o que ele tinha inventado –, porém, de alguma forma, Ada foi capaz de levar adiante o conceito de que a máquina também podia evocar a linguagem e a arte. Essa nota de rodapé abriu um espaço conceitual que viria a ser ocupado por boa parte da cultura do início do século XXI: consultas no Google, música eletrônica, iTunes, hipertexto. O computador não seria apenas uma calculadora superflexível, seria uma máquina expressiva, representadora, até mesmo estética.

A Máquina Analítica de Babbage

Claro que a ideia de Babbage e as notas de Ada Lovelace se mostraram tão à frente de sua época que, por um longo tempo, elas ficaram perdidas para a história. A maioria das ideias fundamentais de Babbage teria de ser redescoberta de modo independente cem anos mais tarde, com a construção dos primeiros computadores funcionais, nos anos 1940, movidos a energia elétrica e tubos de vácuo, em vez de energia a vapor. A noção de computadores como ferramentas estéticas, capazes de produzir não apenas cálculos, mas também cultura, só se generalizou nos anos 1970, mesmo em centros de alta tecnologia como Boston ou o Vale do Silício.

As inovações mais importantes – pelo menos nos tempos modernos – chegam em aglomerados de descobertas simultâneas. As peças conceituais e tecnológicas se juntam para tornar certa ideia imaginável – a refrigeração artificial, por exemplo, ou a lâmpada –, e de repente se veem pessoas trabalhando com o problema no mundo, em geral abordando-o com as mesmas premissas fundamentais sobre como o problema será afinal resolvido. Edison e seus pares podem ter discordado sobre a importância do vácuo ou do filamento de carbono enquanto inventavam a lâmpada elétrica, mas nenhum deles estava trabalhando em um LED.

A predominância de invenções múltiplas e simultâneas no registro histórico tem implicações interessantes para a história da filosofia e da ciência: até que ponto a *sequência* de uma invenção é definida pelas leis básicas da física, ou da informação, ou no interior de restrições biológicas e químicas do ambiente da Terra? Temos como certo que as micro-ondas só podiam ser inventadas depois do domínio do fogo, mas quanto era inevitável que, digamos, o telescópio e o microscópio viessem logo em seguida à invenção dos óculos? (Alguém imaginaria, por exemplo, os óculos amplamente adotados, mas será que pensaria que o telescópio só iria aparecer quinhentos anos depois? Parece improvável, mas suponho não ser impossível.) O fato de esses aglomerados de invenções simultâneas serem tão evidentes no registro fóssil da tecnologia deve ao menos nos dizer que alguma confluência de eventos históricos tornou a nova tecnologia imaginável de um jeito que não era antes.

Todos esses eventos confluem numa questão difusa, porém fascinante. Tentei esboçar algumas respostas aqui. As lentes, por exemplo, surgiram a partir de vários desenvolvimentos distintos: competências da indústria da vidraçaria, em particular as localizadas em Murano; a adoção dos "globos" de vidro que ajudaram os monges a ler pergaminhos na idade avançada; a invenção da imprensa, que gerou um aumento na demanda de óculos. (E, claro, as propriedades físicas básicas do próprio dióxido de silício.) Não podemos saber ao certo a extensão dessas influências, e sem dúvida algumas delas são sutis demais para que nós as detectemos depois de tantos anos, a exemplo da luz que nos chega das estrelas distantes. Mas ainda assim vale a pena explorar a questão, mesmo que nos conformemos com respostas um tanto especulativas, o mesmo conformismo que sentimos ao tentar entender as causas da Guerra Civil Americana ou as secas dos anos 1930. Vale a pena explorá-la porque hoje vivemos revoluções comparáveis, definidas pelos limites e oportunidades do nosso próprio possível adjacente. Aprender com os padrões de inovação que moldaram a sociedade no passado só pode nos ajudar a navegar para o futuro com mais chances de sucesso, mesmo que nossas explicações do passado não sejam tão verificáveis como as atuais teorias científicas.

Se a invenção simultânea é a regra, o que dizer das exceções? O que podemos falar de Babbage e Lovelace, que estavam efetivamente um século adiante dos demais seres humanos do planeta? A maioria das inovações acontece no tempo presente do possível adjacente, funcionando com as ferramentas e os conceitos disponíveis em cada época. Mas de vez em quando um indivíduo ou grupo dá um salto que parece quase uma viagem no tempo. Como eles fazem isso? O que lhes permite ver além dos limites do possível adjacente, se seus contemporâneos não conseguem fazer o mesmo? Este pode ser o maior mistério de todos.

A explicação convencional é a genérica mas de alguma forma autorreferente categoria de "gênio". Da Vinci pôde imaginar (e desenhar) helicópteros no século XV porque era um gênio; Babbage e Lovelace imaginaram computadores programáveis no século XIX porque eram gênios. Sem dúvida, os três foram abençoados com grandes dotes intelectuais, mas a história está repleta de indivíduos com QI alto e que não conseguem inventar nada que esteja décadas ou séculos à frente de seu tempo. Alguns desses gênios viajantes no tempo foram sem dúvida fruto de uma capacidade intelectual natural, mas desconfio de que boa parte foi também resultado do ambiente que os envolvia, da rede de interesses e influências que moldou suas ideias.

Se existe um traço comum aos viajantes do tempo, além da genialidade inexplicável, é essa: eles trabalharam à margem dos seus campos oficiais ou no ponto de interseção entre disciplinas muito diferentes. Pense em Édouard-Léon Scott de Martinville inventando seu dispositivo de gravação de som uma geração antes de Edison começar a trabalhar no fonógrafo. Scott conseguiu chegar à ideia de "escrever" as ondas sonoras por ter assimilado metáforas de estenografia e impressão e estudos anatômicos do ouvido humano. Ada Lovelace pôde ver as possibilidades estéticas da Máquina Analítica de Babbage porque vivia em um ponto de colisão específico entre a matemática avançada e a poesia romântica. As "peculiaridades" do seu "sistema nervoso" – seu instinto romântico para ver além da aparência das coisas – permitiram que ela imaginasse uma máquina capaz de manipular símbolos ou compor músicas de uma forma que nem mesmo o próprio Babbage conseguiu fazer.

Em certa medida, os viajantes do tempo nos lembram que o trabalho dentro de determinado campo estabelecido serve ao mesmo tempo para capacitar e restringir. Mantenha-se dentro dos limites de sua disciplina, e será mais fácil fazer melhorias incrementais, abrindo as portas do possível adjacente que estiverem diretamente disponíveis dentro das especificidades do momento histórico. (Não há nada de errado nisso, claro. O progresso depende de melhorias incrementais.) Mas esses limites disciplinares também podem servir como viseiras, encobrindo uma ideia maior, que só se torna visível quando se ultrapassam essas fronteiras. Às vezes esses limites são literais, geográficos: Frederic Tudor viajou para o Caribe sonhando com gelo nos trópicos; Clarence Birdseye pescou no gelo com os esquimós em Labrador. Às vezes os limites são conceituais: Scott usou as metáforas de estenografia para inventar o fonoautógrafo. Os viajantes do tempo, como grupo, tendem a ter um monte de passatempos, lembre-se de Darwin e suas orquídeas. Quando publicou seu livro sobre polinização, quatro anos depois de *A origem das espécies*, seu título foi uma maravilha vitoriana: *As várias maneiras pelas quais as orquídeas britânicas e estrangeiras são fertilizadas por insetos e os bons efeitos do cruzamento.*

Compreendemos agora os "bons efeitos do cruzamento" graças à moderna ciência da genética, mas o princípio se aplica também à história intelectual. Os viajantes do tempo são excepcionalmente hábeis em "entrecruzar" diferentes áreas de especialização. Esse é o encanto do diletante. Costuma ser mais fácil misturar diferentes campos intelectuais quando se tem uma pilha deles atravancando o escritório ou a garagem.

Uma das razões de a garagem ter se tornado um símbolo do ambiente de trabalho inovador é precisamente porque ela está fora dos espaços tradicionais de trabalho ou pesquisa. Não são baias de escritório ou laboratórios universitários; são lugares fora do trabalho e da escola, locais onde nossos interesses periféricos têm espaço para crescer e evoluir. Os especialistas se refugiam em escritórios e salas de aula. A garagem é o espaço para o hacker, o curioso, o criador. A garagem não se define por um só campo ou indústria, é definida pelos interesses ecléticos de seus habitantes. É um espaço para onde as redes intelectuais convergem.

Em seu famoso discurso em Stanford, Steve Jobs – o grande inovador de garagem dos nossos dias – contou várias histórias sobre o poder criativo de topar com novas experiências, de abandonar a faculdade para assistir a uma aula de caligrafia que acabou moldando a interface gráfica do Macintosh; quando foi obrigado a sair da Apple, aos trinta anos, ele lançou a Pixar, dos filmes de animação, e criou o computador NeXT. "O peso de ser bem-sucedido", explicou Jobs, "foi substituído pela leveza de ser novamente um iniciante, com menos certezas sobre tudo. Isso me libertou para entrar num dos períodos mais criativos de minha vida."

Mas há uma estranha ironia no final do discurso de Jobs. Depois de relatar as maneiras como as improváveis colisões e pesquisas podem libertar a mente, ele terminou com um apelo mais sentimental, para a pessoa ser "fiel a si mesma": "Não fique preso a dogmas, que é viver dos resultados do pensamento de outras pessoas. Não deixe que o alarido da opinião dos outros cale sua voz interior. E, o mais importante, tenha coragem de seguir seu coração e sua intuição."

Se há uma coisa que podemos saber a partir da história da inovação – e em especial da história dos viajantes do tempo – é que não basta ser fiel a si mesmo. Decerto ninguém quer ficar preso pela ortodoxia e pela sabedoria convencional. Decerto os inovadores apresentados neste livro tiveram tenacidade para acreditar em seus palpites por longos períodos de tempo. Mas há um risco comparável a ser fiel ao próprio senso de identidade e às próprias raízes. É melhor contestar essas intuições, explorar territórios desconhecidos, tanto literal quanto figurativamente. É melhor estabelecer novas conexões que permanecer confortavelmente acomodado na mesma rotina.

Se você quer melhorar um pouco o mundo, vai precisar de foco e determinação; vai precisar ficar dentro dos limites de um campo e abrir novas portas para o possível adjacente, uma de cada vez. Mas se você quiser ser como Ada, se quiser ter uma "percepção intuitiva das coisas ocultas" – bem, nesse caso, você precisa se sentir um pouco perdido.

Notas

Introdução: Historiadores robôs e a asa do beija-flor (p.7-15)

1. De Landa, p.3.
2. *The Pleasure of Finding Things Out*, documentário de 1981.

1. Vidro (p.17-41)

1. Willach, p.30.
2. Toso, p.34.
3. Verità, p.63.
4. Dreyfus, p.93-106.
5. Disponível em: http://faao.org/what/heritage/exhibits/online/spectacles/.
6. Pendergrast, p.86.
7. Apud Hecht, p.30.
8. Ibid., p.31.
9. Woods-Marsden, p.31.
10. Pendergrast, p.119-20.
11. Ibid., p.138.
12. Macfarlane e Martin, p.69.
13. Mumford, p.129.
14. Ibid., p.131.

2. Frio (p.42-77)

1. Thoreau, p.192.
2. Apud Weightman, p.274-6.
3. Ibid., p.289-90.
4. Ibid., p.330.
5. Ibid., p.462-3.
6. Ibid., p.684-8.
7. Ibid., p.1911-3.
8. Thoreau, p.193.
9. Apud Weightman, p.2620-1.
10. Miller, p.205.

11. Ibid., p.208.
12. Idem.
13. Sinclair.
14. Dreiser, p.620.
15. Wright, p.12.
16. Apud Gladstone, p.34.
17. Shachtman, p.75.
18. Kurlansky, p.39-40.
19. Apud ibid., p.129.
20. Disponível em: http://www.filmjournal.com/filmjournal/content_display/news-and-features/features/technology/e3iad1c03f082a43aa277a9bb65d3d561b5.
21. Ingels, p.67.
22. Polsby, p.80-8.
23. Disponível em: http://www.theguardian.com/society/2013/jul/12/story-ivf-five-million-babies.

3. Som (p.78-109)

1. Disponível em: http://www.musicandmeaning.net/issues/showArticle.php?artID=3.2.
2. Klooster, p.263.
3. Disponível em: http://www.firstsounds.org.
4. Mercer, p.31-2.
5. Apud Gleick, p.3251-7.
6. Gertner, p.270-1.
7. Disponível em: http://www.nsa.gov/about/cryptologic_heritage/center_crypt_history/publications/sigsaly_start_digital.shtml.
8. Ibid.
9. Hijiya, p.58.
10. Thompson, p.92.
11. Apud Fang, p.93.
12. Apud Adams, p.106.
13. Hijiya, p.77.
14. Carney, p.36-7.
15. Apud Brown, p.176.
16. Thompson, p.148-58.
17. Apud Diekman, p.75.
18. Frost, p.466.
19. Ibid., p.476-7.
20. Ibid., p.478.
21. Yi, p.294.

4. Higiene (p.110-37)

1. Cain, p.355.
2. Miller, p.68.
3. Ibid., p.70.
4. Ibid., p.75.
5. Chesbrough, 1871.
6. Apud Miller, p.123.
7. Ibid., p.123.
8. Miller, p.123.
9. Cain, p.356.
10. Ibid., p.357.
11. Cohn, p.16.
12. Macrae, p.191.
13. Burian, Nix, Pitt e Durrans.
14. Disponível em: http://www.pbs.org/wgbh/amex/chicago/peopleevents/e_canal.html.
15. Sinclair, p.110.
16. Goetz, p.612-5.
17. Apud Ashenburg, p.100.
18. Ashenburg, p.105.
19. Ibid., p.221.
20. Ibid., p.201.
21. Disponível em: http://www.zeiss.com/microscopy/en_us/about-us/nobel-prize-winners.html.
22. McGuire, p.50.
23. Ibid., p.112-3.
24. Ibid., p.200.
25. Ibid., p.248.
26. Ibid., p.228.
27. Cutler e Miller, p.1-22.
28. Wiltse, p.112.
29. *The Clorox Company: 100 Years, 1,000 Reasons*, The Clorox Company,2013, p.18-22.
30. Disponível em: http://www.gatesfoundation.org/What-We-Do/Global-Development/Reinvent-the-Toilet-Challenge.

5. Tempo (p.138-64)

1. Blair, p.246.
2. Kreitzman, p.33.
3. Drake, p.1639.

4. Disponível em: http://galileo.rice.edu/sci/instruments/pendulum.html.
5. Mumford, p.134.
6. Thompson, p.71-2.
7. Ibid., p.61.
8. Dickens, p.130.
9. Priestley, p.5.
10. Ibid., p.21.
11. Disponível em: http://srnteach.us/HIST1700/assets/projects/unit3/docs/railroads.pdf.
12. McCrossen, p.92.
13. Bartky, p.41-2.
14. McCrossen, p.107.
15. Senior, p.244-5.
16. Disponível em: http://longnow.org/clock/.
17. Idem.

6. Luz (p.165-99)

1. Irwin, p.47.
2. Ekirch, p.306.
3. Dolin, p.1272.
4. Ibid., p.1969-71.
5. Ibid., p.1992.
6. Irwin, p.50.
7. Ibid., p.51-2.
8. Nordhaus, p.29.
9. Ibid., p.37.
10. Friedel, Israel e Finn, p.1475.
11. Ibid., p.1317-20.
12. Apud Stross, p.1614.
13. Friedel, Israel e Finn, p.2637.
14. Bruck, p.104.
15. Riis, p.2228.
16. Ibid., p.2226.
17. Ibid., p.2238.
18. Yochelson, p.148.
19. Ribbat, p.31-3.
20. Ibid., p.82-3.
21. Wolfe, p.7.
22. Venturi, Scott Brown e Izenour, p.21.
23. Wells, p.28.

24. Gertner, p.256.
25. Ibid., p.255.
26. Basker, p.21-3.

Conclusão: Os viajantes do tempo (p.200-12)

1. Toole, p.20.
2. Apud Swade, p.158.
3. Ibid., p.159.
4. Ibid., p.170.

Referências bibliográficas

Adams, Mike. *Lee de Forest: King of Radio, Television and Film*. Springer/Copernicus Books, 2012.

Allen, William F. "Report on the subject of National Standard Time Made to the General and Southern Railway Time Convention held in St. Louis, 11 abr 1883, and in New York City, 18 abr 1883". New York Public Library; disponível em: http://archives.nypl.org/uploads/collection/pdf_finding_aid/allenwf.pdf.

Ashenburg, Katherine. *The Dirt on Clean: An Unsanitized History*. North Point, 2007.

Baldry, P.E. *The Battle Against Bacteria*. Cambridge University Press, 1965.

Barnett, Jo Ellen. *Time's Pendulum: The Quest to Capture Time: From Sundials to Atomic Clock*. Thomson Learning, 1999.

Bartky, I.R. "The adoption of standard time", *Technology and Culture*, n.30, 1989, p.48-9.

Basker, Emek. "Raising the barcode scanner: technology and productivity in the retail sector", *American Economic Journal: Applied Economics*, v.4, n.3, 2012, p.1-27.

Berger, Harold. *The Mystery of a New Kind of Rays: The Story of Wilhelm Conrad Roentgen and His Discovery of X-Rays*. Create Space Independent Publishing Platform, 2012.

Blair, B.E. "Precision measurement and calibration: frequency and time", *NBS Special Publication*, v.30, n.5, selected NBS Papers on Frequency and Time.

Blum, Andrew. *Tubes: A Journey to the Center of the Internet*. Ecco, 2013.

Brown, George P. *Drainage Channel and Waterway: A History of the Effort to Secure an Effective and Harmless Method for the Disposal of the Sewage of the City of Chicago, and to Create a Navigable Channel Between Lake Michigan and the Mississippi River*. General Books, 2012.

Brown, Leonard. *John Coltrane and Black America's Quest for Freedom: Spirituality and the Music*. Oxford University Press, 2010.

Bruck, Hermann Alexander. *The Peripatetic Astronomer: The Life of Charles Piazzi Smyth*. Taylor & Francis, 1988.

Burian, S.J., Nix, S.J., Pitt, R.E. e Durrans, R.S. "Urban wasterwater management in the United States: past, present, and future", *Journal of Urban Technology*, v.7, n.3, 2000, p.33-62.

Cain, Louis P. "Raising and watering a city: Ellis Sylvester Chesbrough and Chicago's first sanitation system", *Technology and Culture*, v.13, n.3, 1972, p.353-72.

Chesbrough, E.S. "The drainage and sewerage of Chicago", ensaio lido (mapas e diagramas explicativos e descritivos) no encontro anual em Chicago, 25 set 1887.

Clark, G. "Factory discipline", *The Journal of Economic History*, v.54, n.1, 1994, p.128-63.

Clegg, Brian. *Roger Bacon: The First Scientist*. Constable, 2013.

Cohn, Scotti. *It Happened in Chicago*. Globe Pequot, 2009.

Courtwright, David T. *Forces of Habit: Drugs and the Making of the Modern World*. Harvard University Press, 2002.

Cutler, D. e Miller, G. "The role of public health improvements in health advances: the Twentieth-Century United States", *Demography*, v.42, n.1, 2005, p.1-22.

De Landa, Manuel. *War in the Age of Intelligent Machines*. Zone, 1991.

Dickens, Charles. *Hard Times*. Knopf, 1992.

Diekman, Diane. *Twentieth Century Drifter: The Life of Marty Robbins*. University of Illinois Press, 2012.

Dolin, Eric Jay. *Leviathan: The History of Whaling in America*. Norton, 2007.

Douglas, Susan J. *Inventing American Broadcasting, 1899-1922*. Johns Hopkins University Press, 1989.

Drake, Stillman. *Galileo at Work: His Scientific Biography*. Dover, 1995.

Dreiser, Theodore. "Great problems of organization, III: The Chicago Packing Industry," *Cosmopolitan*, n.25, 1895.

Dreyfus, John. *The Invention of Spectacles and the Advent of Printing*. Oxford University Press, 1998.

Ekirch, Roger. *At Day's Close: A History of Nighttime*. Phoenix, 2006.

Essman, Susie. *What Would Susie Say? Bullsh*t Wisdom About Love, Life, and Comedy*. Simon & Schuster, 2010.

Fagen, M.D. (org.). *A History of Engineering and Science in the Bell System: National Service in War and Peace (1925-1975)*. Bell Labs, 296-317.

Fang, Irving E. *A History of Mass Communication: Six Information Revolutions*. Focal, 1997.

Fisher, Leonard Everett. *The Glassmakers (Colonial Craftsmen)*. Cavendish Square Publishing, 1997.

Fishman, Charles, *The Big Thirst: The Secret Life and Turbulent Future of Water*. Free Press, 2012.

Flanders, Judith. *Consuming Passions: Leisure and Pleasures in Victorian Britain*. Harper Perennial, 2007.

Foster, Russell e Kreitzler, Leon. *Rhythms of Life: The Biological Clocks That Control the Daily Lives of Every Living Thing*. Yale University Press, 2005.

Freeberg, Ernest. *The Age of Edison: Electric Light and the Invention of Modern America*. Penguin, 2013.

Friedel, Robert D., Israel, Paul e Finn, Bernard S. *Edison's Electric Light: The Art of Invention*. Johns Hopkins University Press, 2010.

Frost, Gary L. "Inventing schemes and strategies: the making and selling of the Fessenden Oscillator", *Technology and Culture*, v.42, n.3, 2001, p.462-88.

Gertner, Jon. *The Idea Factory: Bell Labs and the Great Age of American Innovation*. Penguin, 2013.

Gladstone, J. "John Gorrie, the visionary. The first century of air conditioning", *The Ashrae Journal*, art.1, 1998.

Gleick, James. *Faster: The Acceleration of Just About Everything*. Vintage, 2000.

______. *The Information: A History, a Theory, a Flood*. Vintage, 2012.

Goetz, Thomas. *The Remedy: Robert Koch, Arthur Conan Doyle, and the Quest to Cure Tuberculosis*. Penguin, 2014.

Gray, Charlotte. *Reluctant Genius: Alexander Graham Bell and the Passion for Invention*. Arcade, 2011.

Haar, Charles M. *Mastering Boston Harbor: Courts, Dolphins, and Imperiled Waters*. Harvard University Press, 2005.

Hall, L. "Time standardization"; disponível em: http://railroad.lindahall.org/essays/time-standardization.html.

Hamlin, Christopher. *Cholera: The Biography*. Oxford University Press, 2009.

Hecht, Jeff. *Beam: The Race to Make the Laser*. Oxford University Press, 2005.

______. *Understanding Fiber Optics*. Prentice Hall, 2005.

Heilbron, John L. *Galileo*. Oxford University Press, 2012.

"Henry Ford and the model T: a case study in productivity" (parte 1); disponível em: http://www.econedlink.org/lessons/index.php?lid=668&type=student.

Herman, L.M., Pack, A.A. e Hoffmann-Kuhnt, M. "Seeing through sound: dolphins perceive the spatial structure of objects through echolocation", *Journal of Comparative Psychology*, n.112, 1998, p.292-305.

Hijiya, James A. *Lee DeForest and the Fatherhood of Radio*. Lehigh University Press, 1992.

Hill, Libby. *The Chicago River: A Natural and Unnatural History*. Lake Claremont Press, 2000.

Howse, Derek. *Greenwich Time and the Discovery of the Longitude*. Oxford University Press, 1980.

Irwin, Emily. "The spermaceti candle and the american whaling industry", *Historia*, n.21, 2012.

Jagger, Cedric. *The World's Greatest Clocks and Watches*. Galley Press, 1987.

Jefferson, George e Lowell, Lindsay. *Fossil Treasures of the Anza-Borrego Desert: A Geography of Time*. Sunbelt Publications, 2006.

Jonnes, Jill. *Empires of Light: Edison, Tesla, Westinghouse, and the Race to Electrify the World*. Random House, 2004.

Klein, Stefan. *Time: A User's Guide*. Penguin, 2008.

Klooster, John W. *Icons of Invention: The Makers of the Modern World from Gutenberg to Gates*. Greenwood, 2009.

Koestler, Arthur. *The Act of Creation*. Penguin, 1990.

Kurlansky, Mark. *Birdseye: The Adventures of a Curious Man*. Broadway Books, 2012.

Landes, David S. *Revolution in Time: Clocks and the Making of the Modern World*. Belknap Press, 2000.

Livingston, Jessica. *Founders at Work: Stories of Startups' Early Days*. Apress, 2008.

Lovell, D.J. *Optical Anecdotes*. Spie Publications, 2004.

Macfarlane, Alan e Martin, Gerry. *Glass: A World History*. University of Chicago Press, 2002.

Macrae, David. *The Americans at Home: Pen-and-ink Sketches of American Men, Manners and Institutions*, v.2. Edmonston & Douglas, 1870.

Maier, Pauline. *Inventing America: A History of the United States*, v.2. Norton, 2005.

Matthew, Michael R., Clough, Michael P. e Ogilvie, C. "Pendulum motion: the value of idealization in science"; disponível em: http://www.storybehindthescience.org/pdf/pendulum.pdf.

McCrossen, Alexis. *Marking Modern Times: A History of Clocks, Watches, and Other Timekeepers in American Life*. University of Chicago Press, 2013.

McGuire, Michael J. *The Chlorine Revolution*. American Water Works Association, 2013.

Mercer, David. *The Telephone: The Life Story of a Technology*. Greenwood, 2006.

Millard, Andre. *America on Record: A History of Recorded Sound*. Cambridge University Press, 2005.

Miller, Donald L. *City of the Century: The Epic of Chicago and the Making of America*. Simon & Schuster, 1996.

Morris, Robert D. *The Blue Death: Disease, Disaster, and the Water We Drink*. Harper, 2007.

Mumford, Lewis. *Technics and Civilization*. Routledge, 1934.

Ness, Roberta. *Genius Unmasked*. Oxford University Press, 2013.

Ngozika Ihewulezi, Cajetan. *The History of Poverty in a Rich and Blessed America: A Comparative Look on How the Euro-Ethnic Immigrant Groups and the Racial Minorities Have Experienced and Struggled Against Poverty in American History*. Authorhouse, 2008.

Nicolson, Malcolm e Fleming, John E.E. "Imaging and imagining the Foctus: the development of obstetric ultrasound". Johns Hopkins University Press, 2013.

Ollerton, J. e Coulthard, E. "Evolution of animal pollination". *Science* 326.5954, 2009, p.808-9.

Pack, A.A. e Herman, L.M. "Sensory integration in the bottlenosed dolphins: immediate recognition of complex shapes across the senses of echolocation and vision", *Journal of the Acoustical Society of America*, n.98, 1995, p.722-33.

Pack, A.A., Herman, L.M. e Hoffmann-Kuhnt, M. "Dolphin echolocation shape perception: from sound to object", in J. Thomas, C. Moss e Vater, M. (orgs.).

Pack, A.A. e Herman, L.M. "Seeing through sound: dolphins (Tursiops truncatus) perceive the spatial structure of objects through echolocation", *Journal of Comparative Psychology*, v.112, n.3, 1998, p.292-305.

Pascal, Janet B. *Jacob Riis: Reporter and Reformer*. Oxford University Press, 2005.

Pendergrast, Mark. *Mirror Mirror: A History of the Human Love Affair with Reflection*. Basic Books, 2004.

Patterson, Clair C. (1922-1995), entrevista de Shirley K. Cohen. 5, 6 e 9 mar 1995. Archives of California Institute of Technology, Pasadena, Califórnia; disponível em: http://oralhistories.library.caltech.edu/32/1/OH_Patterson.pdf.

Poe, Marshall T. *A History of Communications: Media and Society from the Evolution of Speech to the Internet*. Cambridge University Press, 2010.

Polsby, Nelson W. *How Congress Evolves: Social Bases of Institutional Change*. Oxford University Press, 2005.

Praeger, Dave. *Poop Culture: How America Is Shaped by Its Grossest National Product*. Feral House, 2007.

Price, R. "Origins of the Waltham model 57". Copyright © 1997-2012, Price-Less Ads; disponível em: http://www.pricelessads.com/m57/monograph/main.pdf.

Priestley, Philip T. *Aaron Lufkin Dennison: an Industrial Pioneer and His Legacy*. National Association of Watch & Clock Collectors, 2010.

Ranford, J.L. *Analogue Day*. Ranford, 2014.

Rhodes, Richard. *Hedy's Folly: The Life and Breakthrough Inventions of Hedy Lamarr, the Most Beautiful Woman in the World*. Vintage, 2012.

Ribbat, Christoph. *Flickering Light: A History of Neon*. Reaktion Books, 2013.

Richards, E.G. *Mapping Time: The Calendar and Its History*. Oxford University Press, 2000.

Riis, Jacob A. *How the Other Half Lives: Studies among the Tenements of New York*. Dover, 1971.

Roberts, Sam. *Grand Central Station: How a Station Transformed America*. Grand Central Publishing, 2013.

Royte, Elizabeth. *Bottlemania: How Water Went on Sale and Why We Bought It*. Bloomsbury, 2008.

Shachtman, Tom. *Absolute Zero and the Conquest of Cold*. Houghton Mifflin, 1999.

Schlesinger, Henry. *The Battery: How Portable Power Sparked a Technological Revolution*. Harper Perennial, 2011.

Schwartz, Hillel. *Making Noise: From Babel to the Big Bang and Beyond*. MIT Press, 2011.

Senior, John E. *Marie and Pierre Curie*. Sutton Publishing, 1998.

Silverman, Kenneth. *Lightning Man: The Accursed Life of Samuel F.B.Morse*. Da Capo Press, 2004.

Sinclair, Upton. *The Jungle*. Dover, 2001.

Skrabec, Quentin R., Jr. *Edward Drummond Libbery: American Glassmaker*. McFarland, 2011.

Sterne, Jonathan. *The Audible Past: Cultural Origins of Sound Reproduction*. Duke University Press, 2003.

Steven-Boniecki, Dwight. *Live TV: From the Moon*. Apogee Books, 2010.

Stross, Randall E. *The Wizard of Menlo Park: How Thomas Alva Edison Invented the Modern World*. Crown, 2007.

Swade, Doron. *The Difference Engine: Charles Babbage and the Quest to Build the First Computer*. Penguin, 2002.

Taylor, Nick. *Laser: The Inventor, the Nobel Laureate, and the Thirty-Year Patent War*. Backprint.com, 2007.

The Clorox Company: 100 Years, 1,000 Reasons. The Clorox Company, 2013.

Thompson, Emily. *The Soundscape of Modernity: Architectural Acoustics and the Culture of Listening in America, 1900-1933*. MIT Press, 2004.

Thompson, E.P. "Time, work-discipline and industrial capitalism," *Past & Present*, n.38, 1967, p. 56-97.

Thoreau, Henry David. *Walden*. Phoenix, 1995 (trad. bras., *Walden*, Porto Alegre, L&PM, 2014).

Toole, Betty Alexandra. *Ada, the Enchantress of Numbers: Poetical Science*. Critical Connection, 2010.

Toso, Gianfranco. *Murano Glass: A History of Glass*. Arsenale, 1999.

Venturi, Robert, Scott Brown, Denise e Izenour, Steven. *Learning from Las Vegas*. MIT Press, 1977.

Verità, Marco. "L'invenzione del cristallo muranese: una verifica analitica delle fonti storiche", *Rivista della Stazione Sperimental del Vetro*, n.15, 1985, p.17-29.

Watson, Peter. *Ideas: A History From Fire to Freud*. Phoenix, 2006.

Weightman, Gavin. *The Frozen Water Trade: How Ice from New England Kept the World Cool*. HarperCollins, 2003.

Wells, H.G. *The War of the Worlds*. New American Library, 1986.

Wheen, Andrew. *Dot-Dash to Dot.Com: How Modern Telecommunications Evolved from the Telegraph to the Internet*. Springer, 2011.

White, M. "The economics of time zones", mar 2005; disponível em: http://www.learningace.com/doc/1852927/fbfb4e95bef9efa4666d23729d3aa5b6/timezones.

Willach, Rolf. *The Long Route to the Invention of the Telescope*. American Philosophical Society, 2008.

Wilson, Bee. *Swindled: The Dark History of Food Fraud, from Poisoned Candy to Counterfeit Coffee*. Princeton University Press, 2008.

Wiltse, Jeff. *Contested Waters: A Social History of Swimming Pools in America*. University of North Carolina Press, 2010.

Wolfe, Tom. *The Kandy-Kolored Tangerine-Flake Streamline Baby*. Picador, 2009.

Woods-Marsden, Joanna. *Renaissance Self-Portraiture: The Visual Construction of Identity and the Social Status of the Artist*. Yale University Press, 1998.

Woolley, Benjamin. *The Bride of Science: Romance, Reason, and Byron's Daughter*. McGraw-Hill, 2000.

Wright, Lawrence. *Clean and Decent: The Fascinating History of the Bathroom and the Water Closet*. Routledge & Kegan Paul, 1984.

Yochelson, Bonnie. *Rediscovering Jacob Riis: The Reformer, His Journalism, and His Photographs*. New Press, 2008.

Yong, E. "Hummingbird flight has a clever twist", *Nature*, 2011.

Zeng, Yi et al. "Causes and implications of the recent increase in the reported sex ratio at birth in China", *Population and Development Review*, v.19, n.2, 1993, p.294-5.

Créditos das figuras

p.19, 25, 26, 29, 53, 63, 70, 81, 83, 84, 87, 88, 96, 98, 117, 121, 140, 142, 144, 153, 173, 179, 198, 201: Getty Images
p.20: © Philip de Bay/Corbis
p.24: © The Bridgeman Art Library
p.37: © Alison Wright/Corbis
p.43: Cortesia Bostonian Society
p.55: © Lucien Aigner/Corbis
p.58: State Archives of Florida, Florida Memory, http://floridamemory.com/items/show/16075. Pintada por Charles Foster de Jacksonville para dr. John Gorrie Ice Memorial Foundation. Fotografada por Frank Shannon.
p.65: Cortesia Birdseye Estate
p.67, 75, 107, 147, 187, 205: © Bettmann/Corbis
p.68: © Philip Gendreau/Corbis
p.71, 73: Cortesia Carrier Corporation
p.103: *City Noise: The Report of the Commission Appointed by Dr. Shirley W. Wynne, Commissioner of Health, to Study Noise in New York City and to Develop Means of Abating It* (Academy Press, 1930).
p.114: Chicago History Museum, ICHi-09793. Fotógrafo: Wallis Bros.
p.115: Chicago History Museum, ICHi-00698. Autor desconhecido.
p.123, 127: Wellcome Library, Londres
p.131: Cortesia The Clorox Company
p.136: Fundação Gates
p.137: Cortesia Texas Instruments
p.145: © Steven Vidler/Corbis
p.149: Cortesia Philip T. Priestly, de *Aaron Lufkin Dennison: An Industrial Pioneer and His Legacy © 2009, NAWCC Inc.* Agradecimentos também à NAWCC Library e a Nancy Dyer.
p.151: Biblioteca do Congresso, Divisão de Impressos & Fotografias (LC-DIG-ppmsca-34721).
p.159: © Hans Reinhart/Corbis
p.163: Cortesia The Long Now Foundation. Fotografia de Chris Baldwin.
p.169: © *Museu de História Natural/Biblioteca de Imagens Mary Evans*
p.182, 207: © Science Photo Library
p.185: © Corbis

No caderno de fotos:

p.1: © Robert Harding/Robert Harding World Imagery/Corbis
p.2: © The Bridgeman Art Library
p.3: © The Galley Collection/Corbis
p.4, 6, 7: Getty Images
p.5: Wellcome Library, Londres (acima)
p.8: © H. Armstrong Roberts/ClassicStock/Corbis

Agradecimentos

Existe um ritmo social previsível ao se escrever livros, ao menos na minha experiência: eles começam muito perto da solidão, o escritor sozinho com suas ideias, e permanecem nesse espaço íntimo por meses, às vezes anos, interrompidos apenas por uma entrevista ou conversa ocasionais com um editor. Depois, quando chega perto da publicação, o círculo se amplia. De repente, uma dúzia de pessoas está lendo e ajudando a transformar um manuscrito rude e disforme em produto final acabado e vivo. Quando o livro chega às prateleiras, todo o trabalho se torna quase assustadoramente público, com milhares de funcionários de livrarias, resenhistas, entrevistas no rádio e leitores interagindo com palavras que começaram a vida numa escolha tão particular. Então o ciclo todo começa de novo.

Mas este livro seguiu um padrão completamente diferente. Ele foi um processo social e colaborativo desde o começo, graças ao desenvolvimento simultâneo da nossa série de televisão para a PBS/BBC. As histórias e observações – sem mencionar a abrangente estrutura do livro – envolveram centenas de conversas na Califórnia, em Londres, Nova York e Washington, via e-mail e Skype, com dezenas de pessoas. A produção da série e do livro foi o trabalho mais difícil que já fiz na vida – não só quando me fizeram descer aos esgotos de São Francisco. Foi também, contudo, o trabalho mais gratificante que já realizei, em grande parte por meus colaboradores serem pessoas tão inventivas e engraçadas. Este livro se beneficiou da inteligência e do apoio deles de mil formas distintas.

Minha gratidão começa pela irrepreensível Jane Root, que me convenceu a tentar a televisão, e permaneceu defensora incansável do projeto durante toda a realização. (Agradeço a Michael Jackson por ter nos apresentado, muitos anos atrás.) Como produtores, Peter Lovering, Phil Craig e Diene Petterle deram forma às ideias e narrativas deste livro com grande perícia e criatividade, assim como os diretores Julian Jones, Paul Olding e Nic Stacey. Um projeto com essa complexidade, com tantos fios narrativos potenciais, teria sido quase impossível de se concluir sem a ajuda de nossos pesquisadores e produtores Jemila Twinch, Simon Willgoss, Rowan Greenaway, Robert MacAndrew, Gemma Hagen, Jack Chapman, Jez Bradshaw e Miriam Reeves. Gostaria de agradecer a Helena Tait, Kirsty Urquhart-Davies, Jenny Wolf e aos demais membros da equipe de Nutopia. (Sem mencionar os brilhantes ilustradores da Peepshow Collective.) Na PBS/OPB, sinto-me grato pelo extraordinário voto de confiança de Beth Hoppe, Bill Gardner, Dave Davis e Jennifer Lawson, bem como Martin Davidson, da BBC.

Um livro abrangendo tantos campos diferentes só pode ser feito com a ajuda de conhecimentos de outros. Sou grato a muitas pessoas talentosas que entrevistei para este projeto, algumas das quais fizeram a gentileza de ler partes do livro no rascunho: Terri Adams, Katherine Ashenburg, Rosa Barovier, Stewart Brand, Jason Brown, dr. Ray Briggs, Stan Bunger, Kevin Connor, Gene Chruszcs, John DeGenova, Jason Deichler, Jacques Desbois, dr. Mike Dunne, Caterina Fake, Kevin Fitzpatrick, Gai Gherardi, David Giovannoni, Peggi Godwin, Thomas Goetz, Alvin Hall, Grant Hill, Sharon Hudgens, Kevin Kelly, Craig Koslofsky, Alan Macfarlane, David Marshall, Demetrios Matsakis, Alexis McCrossen, Holley Muraco, Lyndon Murray, Bernard Nagengast, Max Nova, Mark Osterman, Blair Perkins, Lawrence Pettinelli, dra. Rachel Rampy, Iegor Reznikoff, Eamon Ryan, Jennifer Ryan, Michael D. Ryan, Steven Ruzin, Davide Salvatore, Tom Scheffer, Eric B. Schultz, Emily Thompson, Jerri Thrasher, Bill Wasik, Jeff Young, Ed Yong e Carl Zimmer.

Na Riverhead, o habitual senso daquilo que o livro precisava em termos editoriais do meu *publisher* e editor Geoffrey Kloske foi acompanhado de esmerada visão do design do livro que deu forma ao projeto desde o início. Agradeço também a Casey Blue James, Hal Fessenden e Kate Stark da Riverhead, e aos meus editores no Reino Unido, Stefan McGrath e Josephine Greywoode. Como sempre, agradeço à minha agente, Lydia Wills, por manter sua fé no projeto durante quase meia década.

Finalmente, meu amor e minha gratidão à minha esposa, Alexa, e aos meus filhos, Clay, Rowan e Dean. Viver de escrever livros de alguma forma significa passar mais tempo com a família, nos intervalos enquanto se anda pela casa e se conversa com Alexa, ou pegando os filhos na escola. Mas esse projeto me manteve mais fora que dentro de casa. Por isso, obrigado a vocês quatro por aguentar minhas ausências. Espero que tenham aumentado as saudades que sentiram. As minhas eu sei que aumentaram.

Índice remissivo

Os números *em itálico* indicam imagens.

ESTA OBRA FOI COMPOSTA POR MARI TABOADA EM DANTE PRO E IMPRESSA EM OFSETE PELA GRÁFICA BARTIRA SOBRE PAPEL PÓLEN SOFT DA SUZANO S.A. PARA A EDITORA SCHWARCZ EM MARÇO DE 2021